Testtraining für Ausbildungsplatzsuchende

Hesse/Schrader

Testtraining für Ausbildungsplatz-suchende

Wie man Assessment Center
und andere Auswahlverfahren erfolgreich besteht

Eichborn

Die Autoren

Jürgen Hesse, Jahrgang. 1951, geschäftsführender Diplompsychologe im Büro für Berufsstrategie, Berlin.

Hans Christian Schrader, Jahrgang 1952, Diplompsychologe in Berlin.

Anschrift der Autoren
Hesse/Schrader
Büro für Berufsstrategie
Oranienburger Straße 4–5
10178 Berlin
Tel. 0 30 / 28 88 57-0
Fax 0 30 / 28 88 57-36
www.berufsstrategie.de

1 2 3 4   09 08

© Eichborn AG, Frankfurt am Main, März 2008
Umschlaggestaltung: Christina Hucke
Gesamtproduktion: Fuldaer Verlagsanstalt, Fulda
ISBN 978-3-8218-5960-6

Eichborn Verlag, Kaiserstraße 66, D-60329 Frankfurt am Main
Mehr Informationen zu Büchern und Hörbüchern aus dem Eichborn Verlag finden Sie unter www.eichborn.de

Inhalt

Fast Reader 8

Vorwort 9

Begriffe von [A] bis [Z] 11
A wie Assessment Center 11
B wie Begriffe 13
C wie Charisma 13
D wie Darstellung 13
E wie Erfolgskriterien und
F wie Fähigkeiten 14
G wie gemeinsam einsam oder: Gruppendiskussion 19
   Die vier wichtigsten Schritte für einen erfolgreichen
   Diskussionsverlauf 24
   Wenn Sie die Diskussionsleitung übernehmen sollen 25
H wie Hervorheben der Partnerrolle 26
I wie Interview 27
J wie Jagdsaison eröffnet oder: Fiese Fragen im Stressinterview 29
K wie Körpersprache 32
L wie lächeln, immer nur lächeln 36
M wie modisch 36
N wie natürlich oder: Schweißfluss kontra Parfumwolke 37
O wie oben ohne oder: Bartträger haben's schwer 37
P wie Postkorbübung 38
Q wie Quickie oder: Der Mut zur schnellen Entscheidung 41
R wie Rollenspiel 43
S wie (Selbst-)Präsentation 48
T wie Test, Test, Test 53

T wie Testfeld Persönlichkeit 54

   Der Satzergänzungstest 57

   16 PF – die entscheidenden Persönlichkeitsmerkmale 59

   Biografische Fragebögen 64

   MMPI – bloß nicht den Verstand verlieren 65

   Motivationstest 69

T wie Tests der Persönlichkeit überstehen 70

T wie Testfeld Intelligenz 71

T wie Testfeld Konzentration und Leistung 78

U wie Uebung macht den Meister 81

V wie Verabschiedung 82

W wie Wein oder Wasser – in Pausen Haltung wahren 83

X und

Y wie XY-Chromosom oder: Frauen und Männer im AC 84

Z wie zum Schluss oder: zwei, drei kritische Worte 85

Wenn einer sich bewirbt, dann kann er was erleben …
Bewerber berichten 88

Ausbildungsplatz zur Polizeivollzugsbeamtin
im gehobenen Dienst (NRW) 88

Direkteinstieg Kriminalpolizei Berlin – gehobener Dienst 89

BKA Wiesbaden – gehobener Dienst 91

Bundesgrenzschutz – gehobener Polizeivollzugsdienst (NRW) 93

Verwaltungsinspektorenanwärter in Hessen 94

Gehobener nichttechnischer Verwaltungsdienst/Bezirksregierung 95

Gehobener nichttechnischer Dienst/Regierungspräsidium Köln 96

Gehobene nichttechnische Beamtenlaufbahn/
Kommunalverwaltung Thüringen 97

Bankkauffrau/Commerzbank in Düsseldorf 99

Bankkaufmann/große deutsche Bank mit Stammsitz in München 100

Bankkauffrau/Deutsche Bank AG Essen 101

Ausbildung zur Reiseverkehrskauffrau 102

Offiziersanwärter/Bundeswehr Köln 103

Industriekauffrau 107
Wirtschaftsassistent 108

Assessment-Center-Übungsprogramm 111
Präsentation 111
Einzelbearbeitung oder Gruppendiskussion/Berichte und Aufgaben 112
Situationstest 118
Postkorb 121
Lösungen 138

Was Sie noch wissen sollten 143

Fast Reader

Einstellungstest? Gruppenauswahlverfahren? Assessment Center? Viele junge Bewerberinnen und Bewerber* wissen nicht genau, was auf sie zukommt, wenn sie von einem Unternehmen dazu eingeladen werden.

Deshalb wollen wir Ihnen in diesem Ratgeber veranschaulichen, was hinter den härtesten Auswahlverfahren steckt, womit Sie rechnen müssen, wie Sie Pluspunkte sammeln und wie Sie sich optimal auf diese Prüfung vorbereiten können.

In alphabetischer Reihenfolge haben wir die wichtigsten Themen rund um diese Auswahlverfahren für Sie aufbereitet. Sie erfahren …

- worauf es ankommt und was genau getestet wird (S. 15),
- warum schauspielerisches Talent gefragt ist (S. 13),
- wie Sie auch im Stressinterview ganz lässig bleiben (S. 29),
- warum es manchmal schnell gehen muss (S. 41),
- wie Sie sich ins rechte Licht rücken (S. 48),
- warum Sie auch in Pausen weiter unter Beobachtung stehen (S. 83),
- was gegen diese Form der Auswahltests spricht (S. 85),
- was andere Bewerber erleben mussten (S. 88),
- wie Sie sich gezielt vorbereiten können (S. 111).

---

* Wenn wir im Folgenden überwiegend die männliche Form (Bewerber, Kandidat etc.) verwenden, soll das keine Diskriminierung der Leserinnen darstellen, sondern geschieht allein deshalb, um den Sprachfluss nicht zu stören.

Vorwort

Assessment Center (Abkürzung: AC) – bis vor gar nicht allzu langer Zeit war dies ein Begriff, der in erster Linie Bewerbern für eine Führungsposition begegnete. Es ist ein Verfahren, mit dem die »ideale Führungskraft« gefunden werden soll. Tagelang prüfen Unternehmen die Kandidaten auf Herz und Nieren. Man erhofft sich von den Prüfungsergebnissen aussagekräftige Hinweise darauf, ob die Getesteten den Aufgaben der hoch dotierten Positionen gerecht werden können.

Die Zeiten sind aber vorbei, in denen das Assessment Center, das als härtestes Personalauswahlverfahren gilt, nur dem erlauchten Kreis hoch bezahlter Manager vorbehalten ist. Wenn Sie sich als angehender Azubi schon beworben haben, wissen Sie vielleicht, worauf wir hinauswollen: Selbst im Bewerbungsverfahren um einen Ausbildungsplatz, etwa bei einer Bank, einer Versicherung oder im Reisebüro, kann dieses Verfahren auf Sie zukommen – oder zumindest Teile davon.

So manchem wird vielleicht ganz flau bei dem Gedanken an die beim Assessment Center üblichen Aufgaben wie Intelligenz-, Konzentrations- oder Logiktests, Gruppendiskussion oder Stressinterview. Diese fragwürdigen Übungen haben es in sich und können einem den Angstschweiß auf die Stirn treiben. Auch wir, die Autoren dieses Buches, staunten nicht schlecht, als wir vor einigen Jahren zum ersten Mal einen solchen Einstellungstest für angehende Azubis in Händen hielten. Wir mussten uns fragen, ob wir – einige Jahre älter und dazu mit abgeschlossenem Psychologiestudium – je eine Chance gehabt hätten, dieses Auswahlverfahren zu bestehen und somit zum Beispiel einen Ausbildungsplatz als Sozialversicherungsfachangestellter (Voraussetzung Realschulabschluss) zu bekommen. Die Tatsache, dass Bewerbern wegen der falschen Beantwortung von Fragen wie: »Was ist das Gemeinsame von Gasometer und Aktentasche?« und »Wie lang ist ein 10-Euro-Schein?« ein Ausbildungsplatz (z.B. bei der Bundesversicherungsanstalt für Angestellte in Berlin) vorenthalten wurde, regte uns gleichermaßen auf wie an. Das Ergebnis war unser erstes Buch zu der Thematik Einstellungstest.

Trotz allem haben wir eine gute Nachricht für Sie. Es ist zwar richtig, dass

Sie kaum noch an diesem Verfahren vorbeikommen, aber andererseits können Sie sich auf die kniffligen Tests und Übungen vorbereiten, sie regelrecht trainieren. Dazu ist es wichtig, die Prinzipien der typischen Aufgaben zu durchschauen. Wie Sie das schaffen, das möchten wir Ihnen in diesem Ratgeber gerne veranschaulichen. Die wichtigsten Begriffe, was hinter dem Assessment Center steckt und die Übungen, mit denen Sie rechnen müssen – all das haben wir in diesem Buch von A bis Z zusammengetragen. Erlebnisberichte anderer Bewerber sollen Ihnen dazu ergänzend einen realen Eindruck vermitteln, was alles auf Sie zukommen kann.

Begriffe von bis Z

A wie Assessment Center

Der englische Ausdruck Assessment Center (engl. to assess: einschätzen, center: Mittelpunkt) täuscht darüber hinweg, dass dieses Prüfungsverfahren ursprünglich in Deutschland unter der Bezeichnung »Heerespsychotechnik« entwickelt wurde. 1920 wurde an der Berliner Universität ein psychologisches Forschungszentrum im Auftrag des Reichswehrministeriums gegründet. Offizier der Reichswehr durfte ab 1927 nur werden, wer dieses heerespsychotechnische Auswahlverfahren erfolgreich durchlaufen hatte. Die Hauptprüfung bestand aus Intelligenz- und Persönlichkeitstests sowie Interviews.

In den Fünfzigerjahren entdeckte die amerikanische Wirtschaft diese Methode, um Bewerber auf ihre Eignung hin zu prüfen. Und seit den Siebzigerjahren wird es in Deutschland mehr und mehr zur Personalauswahl herangezogen, so dass auch angehende Azubis wie Sie mit solchen Testaufgaben rechnen können – sehr wahrscheinlich sogar, wenn Sie sich bei Banken und Versicherungen bewerben, aber auch in Industrie und Handel.

Laut Definition eines der alten Assessment-Center-»Päpste« ist das AC ein systematisches Verfahren »zur qualifizierten Feststellung von Verhaltensleistungen bzw. Verhaltensdefiziten, das von mehreren Beobachtern gleichzeitig für mehrere Teilnehmer in Bezug auf vorher definierte Anforderungen angewandt wird« (Jeserich, W.: *Mitarbeiter auswählen und fördern*, München/Wien 1981, S. 33).

Wir möchten es lieber etwas salopper formulieren: Für uns ist das Assessment Center eine bunte Mischung aus subtilen Psychotests zur Personalauslese. Typische Tests und Übungen, die wir Ihnen im Einzelnen genauer vorstellen, sind:

Typische Tests im Assessment Center

- Gruppendiskussion
- Interview
- Postkorbübung
- Rollenspiel
- Präsentation
- Persönlichkeits-, Intelligenz-, Leistungs-/Konzentrationstests
- Überprüfung von Tischmanieren und Benimmregeln

Das Assessment Center kann ein paar Stunden, einen halben Tag oder gar mehrere Tage dauern. Über diesen Zeitraum hinweg werden die Bewerber von Beobachtern, den sogenannten Assessoren, genau unter die Lupe genommen. Meist sind das Führungskräfte des Unternehmens, manchmal auch Psychologen. Diese drei bis sechs Beobachter repräsentieren die Auswähler und die Ausbildungsplatzvergeber, sie entscheiden letztlich über die Vergabe der Ausbildungsplätze.

Das ist Ihr Publikum, lieber Kandidat: die Prüfungskommission, die wie die Juroren beim Eiskunstlauf ihre Bewertungen abgibt. Bisweilen treten auch sogenannte Moderatoren auf, deren Aufgabe es ist, die einführenden oder überleitenden Worte zu den AC-Aufgaben zu finden, den organisatorischen Ablauf zu gewährleisten und – wenn sie es gut meinen – das eine oder andere Späßchen zu machen, um die angespannte Stimmung ein wenig aufzulockern.

Ob ein solches Testverfahren wirklich halten kann, was es verspricht, nämlich die Besten und Fähigsten herauszufiltern, steht auf einem ganz anderen Blatt. Denn da gehen die Meinungen durchaus auseinander. Und auch wir haben da unsere Zweifel (siehe dazu auch »Zum Schluss«, S. 85). Aber was nutzt es Ihnen zu wissen, dass es viele Skeptiker – wenn nicht sogar Gegner – gibt, Ihr Wunschunternehmen aber nun mal nicht auf diese Methode verzichten will? Deshalb geht es uns darum, Ihnen zu helfen, ein solches Verfahren erfolgreich und vor allem psychisch unbeschadet zu überstehen – was nicht immer so einfach ist, wie wir folgendem Ausschnitt aus einem Erlebnisbericht entnehmen können.

»... Wir wurden bei diesen Aufgaben ganz schön ›ausgequetscht‹, erhielten aber über die Behörde keinerlei Informationen. Hinterher fühlten wir uns wie durch die Mangel gedreht, so sehr hatte man versucht, unsere Charakterfestigkeit zu prüfen und Widersprüche in unseren Aussagen zu finden. Gar nicht so leicht, sich hier nicht verunsichern zu lassen und trotz allem – zumindest nach außen hin – die gute Laune zu wahren ...«

 ## wie Begriffe

Wenn Ihre Bewerbung das Unternehmen oder die Institution überzeugt hat und man Sie zu einem solchen AC einlädt, muss das nicht immer so deutlich im Brief stehen. Manche sprechen dann von einem Auswahl- oder Beurteilungsseminar. Etwas deutlicher sind da schon die Begriffe Eignungstest oder Auswahlverfahren. Andere Personalentscheider erfinden verschleiernde Begriffe, die zumindest auf den ersten Blick gar nicht deutlich erkennen lassen, dass hier getestet und ausgewählt wird. Da heißt es dann zum Beispiel: »Wir freuen uns, Sie zu unserem Qualifizierungsworkshop einladen zu dürfen.« Egal, wie »kreativ« man in dem jeweiligen Unternehmen in Sachen Namensfindung war – wenn Sie es mit diesen oder ähnlichen Begriffen zu tun bekommen, können Sie davon ausgehen, dass eine Art Assessment Center mit ganz bestimmten Aufgabentypen auf Sie zukommt.

 ## wie Charisma

Ihr Charisma, also Ihre Ausstrahlung, Ihre Wirkung auf andere – das ist es, was beim AC die wohl entscheidende Rolle spielt. Es geht also nicht nur um Ihre (vielleicht durch ein Praktikum oder einen Ferienjob) bereits vorhandenen fachlichen Fähigkeiten und um Ihr Wissen, sondern vor allem darum, was für ein Typ Sie sind. Sind Sie sympathisch, kann man sich vorstellen, mit Ihnen auf Dauer zusammenzuarbeiten? Sympathie wird unter anderem durch Ihr Charisma mobilisiert. Mehr zum Thema Sympathie im Assessment Center lesen Sie unter »E wie Erfolgskriterien« (s. S. 14).

 ## wie Darstellung

Manch einem wird schwindlig, wenn er darüber nachdenkt, dass er mit mehreren hundert Bewerbern um einen Ausbildungsplatz kämpfen soll. Besser als die anderen sein zu müssen, das kann einen ganz schön unter Druck setzen. Dabei kommt es nicht immer darauf an, wirklich »klüger« zu sein, sondern sich gut verkaufen zu können. Gekonnte Selbstdarstellung bringt Punkte. Beim Assessment Center sind also schauspielerische Fähigkeiten gefragt. Und diese Selbstdarstellung ist erlernbar, oder, um es mit dem amerikanischen Soziologen Erving Goffman zu sagen:

»Ob ein aufrichtiger Darsteller die Wahrheit oder ein unaufrichtiger Darsteller die Unwahrheit mitteilen will, beide müssen dafür sorgen, ihrer Art, sich darzustellen, den richtigen Ausdruck zu verleihen, aus ihrer Darstellung Ausdrucksweisen auszuschließen, durch die der hervorgerufene Eindruck entwertet werden könnte, und sie müssen darauf achtgeben, dass das Publikum ihren Darstellungen keine unbeabsichtigte Bedeutung unterlegt« (Goffman, E.: *Wir alle spielen Theater. Selbstdarstellung im Alltag*, München 1988, S. 62).

Natürlich ist zu bedenken, wie weit Sie überhaupt mitspielen wollen. Denn eins steht fest: Bei einer Bewerbung handelt es sich immer um eine Anpassungsleistung. Doch das Ziel kann sicher nicht Anpassung um jeden Preis sein. Was nützt es Ihnen, den Beobachtern etwas vorzuspielen, das aber wenig mit Ihren eigentlichen Charaktereigenschaften gemein hat? Das wäre mit Sicherheit keine gute Voraussetzung für den Beginn am Arbeitsplatz. Und Sie würden sich in der für Sie fremden Rolle bestimmt nicht lange wohl fühlen. Überlegen Sie sich also genau, wie weit Sie sich anpassen und ab welchem Punkt Sie sich regelrecht »verbiegen« müssten, um ins Konzept zu passen.

wie Erfolgskriterien und wie Fähigkeiten

Unter der Annahme, dass eine Berufsausbildung ganz bestimmte Eignungs- und Persönlichkeitsmerkmale abverlangt, versucht der AC-Konstrukteur, eben diese herauszufiltern und in (angeblich) realitätsgerechten Tests zu überprüfen. Schließlich möchte er ganz sicher sein, wirklich gute Mitarbeiter zu finden, die zum Unternehmen passen, die schnell lernen, die möglichst wenig Probleme machen etc. Doch eigentlich sollte jedem einleuchten, dass es kaum möglich ist, Erfolgskriterien für den zukünftigen Ausbildungsplatz und Beruf ganz eindeutig festzuschreiben, und noch schwieriger, diese in Form von Kandidatenspielen einfach vorführ- und überprüfbar zu machen, geschweige denn Verhaltensvorhersagen für die zukünftige Entwicklung daraus abzuleiten.

Trotzdem sind viele Unternehmen davon überzeugt, mit dem Prüfen bestimmter Kriterien ans Ziel zu kommen, also die Besten der Bewerber zu finden.

Je mehr Sie wissen, worauf AC-Beobachter und Personalentscheider achten, desto effektiver können Sie Ihre Darstellung gestalten.

Die Prüfer machen die Eignung der Bewerber um einen Ausbildungsplatz vor allem an drei Kriterien fest.

Die wichtigsten Auswahlkriterien

1. Persönlichkeit

Sind Sie sympathisch, vertrauenswürdig, anpassungsfähig? Passen Sie ins Team und zur Firma?

2. Leistungsmotivation

Sind Sie engagiert? Haben Sie Biss? Sind Sie wirklich lern-, einsatz-, arbeitswillig? Können Sie sich mit der Aufgabe/dem Unternehmen identifizieren?

3. Kompetenz

Haben Sie bereits berufsrelevante Erfahrungen, Kenntnisse, Eigenschaften und Fähigkeiten z.B. durch Ferienjob, Praktikum, Hobby? Verfügen Sie über so etwas wie einen »wachen, klaren Verstand«?

Übrigens: Nicht zufällig haben wir Persönlichkeit und damit Sympathie an erster Stelle genannt. Denn wie bereits erwähnt kommt es beim Assessment Center wie überhaupt bei Bewerbungen entscheidend darauf an, ob Sie sympathisch wirken. So zählt die Persönlichkeit (neben der Kommunikationsfähigkeit) zu den wichtigen allgemeinen Einstellungs- und später auch Aufstiegskriterien – gerade als angehender Azubi, der selten schon über berufliche Erfahrungen verfügt.

Es geht zunächst also um den berüchtigten ersten Eindruck, in dem bei den Gesprächspartnern, die sich bisher unbekannt waren, die Weichen in eine positive (Sympathie) oder negative (Antipathie) Richtung gestellt werden. Das trifft sowohl auf die Beziehung Auswähler/Auszuwählender als auch auf die Gruppensituation unter den Kandidaten zu. Spezielle AC-Aufgaben beziehen sich sogar ganz konkret auf dieses Sympathiethema (»Wem aus der Gruppe würden Sie am ehesten ein gebrauchtes Auto, Moped oder Ähnliches abkaufen?«).

Sympathie entsteht zum einen über den Sprachausdruck und die Sprechweise. Daneben sind es Merkmale wie Aussehen, Auftreten, Körpersprache und Kleidung (s. S. 32–36).

Manch einer mag glauben, dass Sympathie zwischen zwei Menschen einfach vorhanden ist oder eben auch nicht, und dass sich daran wenig ändern lässt. Das ist aber falsch. Sie können durchaus Sympathie für sich mobilisieren, und zwar immer dann, wenn Ihr Gegenüber den Eindruck und die Hoffnung gewinnt, dass Sie einen Beitrag zu seiner Bedürfnisbefriedigung (Erfolg, Macht etc.) leisten. Im Folgenden sehen Sie eine Aufstellung der Eigenschaften und Merkmale, durch die Sympathie und Antipathie geweckt werden.

Sympathie	Antipathie
wird eher mobilisiert durch	wird eher mobilisiert durch
Anpassung	mangelnde Anpassung
Charisma	fehlendes Charisma
Freundlichkeit	Unfreundlichkeit
Höflichkeit	Unhöflichkeit
Gelassenheit	Nervosität
Ruhe	Unruhe
Selbstsicherheit	Unsicherheit
Geduld	Ungeduld
Toleranz	Intoleranz
Gleichberechtigung	Dominanz/Machtstreben
Gewährenlassen (Freiheit)	Beherrschung (Unfreiheit)
Attraktivität	abstoßendes Äußeres
Schönheit	Hässlichkeit
Gewandtheit	Unsicherheit
Entspanntheit	Gespanntheit
gleiche/ähnliche Interessen/Hobbys	stark unterschiedliche Interessen/Hobbys

Der letzte Punkt der Tabelle sei noch einmal besonders hervorgehoben: Wenn es Parallelen von Interessengebieten zwischen Ihren Prüfern und Ihnen gibt, steigen Ihre Chancen, als besonders sympathisch empfunden zu werden. Denn dann laufen Identifizierungsprozesse ab (»Die ist ja genauso wie ich«). Auch biografische Parallelen (derselbe Geburtsort, Verein, dieselbe Schule) haben den gleichen Effekt.

Wer leistungsmotiviert und kompetent wirkt, macht sich zusätzlich sympathisch. Denn diese zugeschriebenen Eigenschaften kommen dem Bedürfnis des Arbeitgebers nach erfolgversprechenden Mitarbeitern entgegen.

Leistungsmotivation und Kompetenz offenbaren sich allerdings nicht so schnell wie das zentrale, auf die Persönlichkeit bezogene und auch durch unbewusste Faktoren mitgesteuerte Sympathiegefühl. Als Bewerber muss es daher Ihr Ziel

Begriffe von A bis Z

sein, diese drei Essentials (Persönlichkeit, Leistungsmotivation und Kompetenz) während des gesamten Ausleseverfahrens als Signale so »auszusenden«, dass sie beim AC-Veranstalter (und -beobachter, Arbeitgeber) »ankommen«.

Auf dem Weg zu diesem Ziel können Ihnen folgende Fragen behilflich sein:
1. Was für ein Mensch sind Sie, und wie präsentieren Sie sich?
2. Wie bringen Sie Ihre Leistungsmotivation deutlich zum Ausdruck?
3. Wie vermitteln Sie überzeugend Ihre Kompetenz? Aufgrund noch mangelnder beruflicher Erfahrungen geht es für Sie hier natürlich weniger um so etwas wie berufliche Erfolge, sondern um Fähigkeiten, die berufliche Erfolge ermöglichen, wie z.B. eine schnelle Auffassungsgabe, Geschicklichkeit etc.

Oft benennen die Firmen im Assessment Center auch ganz offen, worauf es ihnen bei der Bewerberauswahl ankommt, wie folgender Kandidat erleben konnte:

»Wir waren sechs Teilnehmer (drei männliche, drei weibliche) bei diesem Ein-Tages-AC. Dazu zwei Beobachter, einer davon Mitarbeiter aus der Personalabteilung, der andere Betriebspsychologe. Zu Beginn sagte man uns, dass es vor allem um drei Dinge gehe:

1. Arbeitsleistung
2. intellektuelle Fähigkeiten
3. soziale Kompetenz bzw. Umgang mit Menschen

Die beiden AC-Beobachter erklärten uns kurz etwas zu ihrer Firma und verteilten dann umfangreiche Arbeitsmappen, die etwa 12 bis 15 AC-Aufgaben mit jeweils ein bis drei Seiten Beschreibung enthielten. Unsere erste Aufgabe bestand darin, innerhalb der Gruppe einen Konsens herbeizuführen, mit welchen AC-Aufgaben wir uns ›freiwillig‹ auseinanderzusetzen bereit waren. Für diesen Einigungsprozess und für die Durchführung der eigentlichen Aufgabe hatten wir bis zur Mittagspause Zeit.

Zur Auswahl standen so unterschiedliche Aufgaben wie Intelligenz-, Leistungs-/Konzentrations- und Persönlichkeitstests (von jedem allein zu bearbeiten), aber auch Gruppendiskussionen mit und ohne Leitung sowie Präsentationsaufgaben und verschiedene Rollenspiele. Natürlich durfte die berühmte Postkorbaufgabe nicht fehlen.

Innerhalb meiner Gruppe einigten wir uns, zwei Aufgaben bis zur Mittagspause durchführen zu wollen: eine Gruppendiskussion und eine Präsentationsaufgabe ...

... Meine persönliche Einschätzung zu diesem AC: Es kam der Firma besonders auf soziales Verhalten an. So habe ich den Eindruck gewonnen, dass z.B. offene Kritik völlig verpönt ist. ›Seid nett zueinander, auch in schwierigen Situationen‹ ist wohl eher die Devise. Ebenso wichtig ist offenbar, sich in Gruppendiskussionen nicht durch zu häufige und zu lange Wortbeiträge in den Vordergrund zu spielen. Mitbewerber anzuspornen, zu bedrängen oder gar zu dominieren, erschien mir ebenfalls völlig inopportun.«

Persönlichkeit, Leistungsmotivation, Kompetenz sind im AC-Verfahren also von besonderer Bedeutung. Die nun folgende Aufstellung soll Ihnen helfen, sich darauf einzustellen, wie Sie von den Beobachtern auf das Vorhandensein dieser drei wesentlichen Merkmale und Eigenschaften hin getestet werden.

---

1. Soziale Prozesse wie

Kooperationsfähigkeit,
- z.B. Meinungen, Ideen, Vorschläge anderer aufgreifen und weiterführen
- sich nicht auf Kosten anderer durchsetzen
- anderen in Schwierigkeiten helfen
- Erfolgserlebnisse mit anderen teilen
- keine Druck- oder Machtmittel einsetzen

Kontaktfähigkeit
- z.B. von sich aus auf andere zugehen, ansprechen, beginnen
- Ziele, Absichten, Methoden offen für andere darlegen
- Beratung, Unterstützung, Mithilfe anbieten
- anderen Vertrauen entgegenbringen

Konfliktfähigkeit
- Sensibilität
- Integrationsvermögen
- Selbstkontrolle
- Informationsverhalten

2. Systematisches Denken und Handeln wie
- abstraktes und analytisches Denken
- kombinatorisches Denken
- Entscheidungsfähigkeit

- Planungs- und Kontrollfähigkeiten
- eine persönliche arbeitsorganisatorische Fähigkeit

3. Aktivität wie
- Arbeitsmotivation, Arbeitsantrieb, Initiative
- Führungsmotivation und Führungsantrieb
- Durchsetzungsvermögen
- Selbstständigkeit/Unabhängigkeit
- Selbstvertrauen
- Ausdauer/Belastbarkeit
- Stresstoleranz

4. Ausdrucksvermögen wie
- schriftliche und mündliche Kommunikationsfähigkeit
- Flexibilität
- Überzeugungskraft

Diese Übersicht ist nicht nur generell für Assessment Center hilfreich, sondern auch für die Anforderungen, die in einem Vorstellungsgespräch zum Tragen kommen. Wir werden darauf im Zusammenhang mit den konkreten AC-Aufgaben immer wieder zurückkommen.

wie gemeinsam einsam oder: Gruppendiskussion

Die Gruppendiskussion ist der klassische Standardbaustein eines jeden ACs. Die Gruppengröße schwankt zwischen vier, sechs und mehr Teilnehmern. Oftmals wird eine größere Bewerbergruppe, wie sie bei Auswahlverfahren um einen Ausbildungsplatz üblich ist, für diese Übung aufgeteilt. Grob zu unterscheiden sind die sogenannte führerlose Gruppendiskussion (alle Diskussionsteilnehmer sind gleichberechtigt) und die Gruppendiskussion mit Moderator bzw. Leiter, der von den Gruppenmitgliedern gewählt oder von den AC-Beobachtern vorab bestimmt wird (nach dem Motto: Jeder ist mal an der Reihe ...). Die meisten Diskussionsrunden haben eine Dauer von 15 bis 45 Minuten.

Es gibt grundsätzlich drei verschiedene Typen von Gruppendiskussionen:

1. Diskussion eines (eher allgemeinen) Themas mit und ohne Zielvorgabe

Die Themenpalette reicht von Berufsbezogenem über Inhalte aus den Bereichen Politik, Schule, Umwelt, Wirtschaft, Zeitgeschehen bis hin zum privaten, persönlichen Bereich. Möglich ist auch, dass die Gruppe sich auf eines von fünf oder zehn vorgeschlagenen Themen einigen soll, um dieses dann anschließend zu diskutieren. Wichtig für Sie: Bereits der Auswahlprozess wird von den Assessoren, den teilnehmenden Beobachtern und Einschätzern Ihrer Leistung, genau registriert. Wenn Sie hier eine von den anderen Teilnehmern akzeptierte Führungsrolle übernehmen können, stehen Sie in einem sehr viel besseren Licht da als beispielsweise der graue Mitläufer oder der ewig nörgelnde Neinsager.

2. Diskussion einer speziellen Problemstellung mit der Aufgabe, gemeinsam einen Handlungsplan zu entwickeln.

Hier werden Sie dann mit so typischen Situationen wie einer »Notlandung auf dem Mond« oder »einer Reifenpanne in der Wüste« konfrontiert: Bestimmte Bedingungen sind vorgegeben, und Sie müssen gemeinsam organisatorische Entscheidungen treffen.

3. Diskussion eines vorgegebenen Themas, bei der die Teilnehmer eine ihnen vorgegebene Rolle oder Position zu vertreten haben.

Bei dieser Form ist jedem Diskutanten ein Standpunkt vorgegeben. Jeder hat ausschließlich diese Rolle, diese Überzeugung zu vertreten. Beispiel: Jeder ist Mitarbeiter in einem Unternehmen und braucht aus ganz unterschiedlichen Gründen den einzigen Dienstwagen. Wie löst man nun das Problem? Hier wird es für die Beobachter natürlich besonders spannend.

Nicht selten ist die dabei zu diskutierende Thematik oder Aufgabe so komplex, dass das erforderte gemeinsame Ergebnis, etwa der Gruppenkonsens, in der Kürze der vorgegebenen Zeit nicht zu erreichen ist. Dies führt häufig zu einer eher aggressiv-gereizten Stimmung, weil die Teilnehmer sich unter einem enormen Leistungsdruck fühlen und entsprechende Versagensängste entwickeln. Dieser zum Teil bewusst erzeugte Stress ist für die AC-Beobachter und -Veranstalter einer der vielen Checkpunkte, nach denen das Verhalten der Bewerber benotet wird. Das bedeutet: Wenn Sie als Kandidat in spürbare Aufregung geraten, weil die anderen Gruppenmitglieder nicht schnell genug auf ein gemeinsames Ziel einzustimmen sind, sammeln Sie fleißig Minuspunkte. Tappen Sie also nicht in diese Falle. Für Sie sollte das Motto gelten: cool bleiben und Pokerface aufsetzen. Sie lassen sich doch durch solche Kleinigkeiten nicht aus der Ruhe bringen, oder?

Manchmal werden Diskussionsrunden von den AC-Veranstaltern auch mittendrin einfach abgebrochen, sehr zur Verwunderung und zum Ärger der Teilnehmer. Hier hat derjenige die Nase vorn, der sich nicht so leicht von derlei äußeren Einflüssen die Laune verderben lässt.

Dies zeigt auch noch einmal deutlich, dass eben nicht so sehr auf das Ergebnis der Diskussion geachtet wird, sondern vielmehr der Umgang der Diskutanten untereinander von Bedeutung ist. Es zählt nicht das wirklich beste Argument, sondern wie Sie auf die Argumente anderer eingehen. Denn manchmal ist das zu besprechende Thema oder die zu lösende Aufgabe wirklich sehr »vertrackt«. Lesen Sie folgenden Bericht.

»Wir wurden in Gruppen à 5 Personen aufgeteilt, auf die alle ein Fünftel (!) eines fiktiven Ausbildungsplatzes an der Berufsakademie verteilt wurde. Nun hatten wir 30 Minuten Zeit, um uns einstimmig (!) einen Bewerber auszusuchen, dem wir diesen Platz geben würden. Falls wir nach 30 Minuten keinen unserer Bewerber ausgewählt hätten, würde das ebenfalls fiktive Ausbildungsgeld einem gemeinnützigen Zweck zufließen ...«

Um bei den Assessoren gut abzuschneiden, sollten Sie sich nach folgenden Verhaltenstipps, die wir stichwortartig aufgelistet haben, richten:

Äußeres/Auftreten

- ausgeruht und gelassen wirken
- gepflegtes Äußeres
- sich freundlich, höflich, natürlich und ungezwungen geben
- weder innere noch äußere Verkrampfung zeigen

Allgemeinverhalten

- freundlich, verständnisvoll, einfühlend, hilfsbereit, rücksichtsvoll
- kompromissbereit
- andere ernst nehmen
- zuhören können
- Sympathie zeigen

Allgemeines Diskussionsverhalten

- sicher auftreten, eigene Meinung vertreten, sich selbstsicher geben (nur bedingt nachgiebig gegenüber Einwänden, aber: Aufgeschlossenheit zeigen, keinen Starrsinn)
- Anwesende mit Namen ansprechen
- keine deplatzierten Bemerkungen oder Fragen
- keine Monologe, knappe und präzise Beiträge
- oberflächliche oder fehlerhafte Argumentation reflektieren
- auf andere eingehen, eigene Interessen zurückstellen können

Sprachverhalten

- knapp, präzise (keine Ausschweifungen, Nebensächlichkeiten)
- keine Superlative
- möglichst kein Räuspern, »Äh« so wenig wie möglich
- Vermeidung von Füllwörtern (sicherlich, letztlich etc.)
- deutliche Aussprache, mittlere Lautstärke, in die Runde schauen, Gesprächspartner ansehen

Beachten Sie auch folgende allgemeinen Verhaltensregeln

- Vermeiden Sie es, Ihren Standpunkt als Erster ausführlich darzustellen und auf alles von anderen Diskussionsteilnehmern Gesagte spontan mit einer Gegenrede (Angriff/Verteidigung) zu reagieren. Viel besser: Vermitteln Sie Ihren Gesprächspartnern durch Ihre geduldige Zuhörbereitschaft das Gefühl, ernst genommen zu werden.
- Der häufigste Fehler in Diskussionen ist die Unfähigkeit, einander wirklich zuzuhören.
- Schauen Sie den jeweiligen Sprecher an.
- Signalisieren Sie deutliche Aufmerksamkeit.
- Kontrollieren Sie Ihre Reaktionen, keine Nervosität.
- Gedämpftes (angemessenes) Engagement zeigen.
- Deutlich und ruhig sprechen.
- Freundliches Interesse zeigen.
- Sachliche, weitestgehend affektfreie Argumentation; alles vermeiden, was die Gesprächsharmonie unnötig stören könnte.
- Auf Argumente eingehen und sie konstruktiv weiterentwickeln.
- Sich nicht in den Vordergrund spielen.
- Sich nicht zu sehr zurück- und heraushalten.

- Kein Sarkasmus, keine Ironie, keine Herabsetzung.
- Auf ausgeglichene Rollenverteilung achten (z.B. nicht bei allen Themen Kontra-Beiträge, Gefahr, als Nörgler/Miesmacher aufzutreten).
- Die aufgeworfenen Fragen auch mal loben (»Wichtig/bemerkenswert« und ähnliche Prädikate).
- Mängel offen zugeben (»Sie sind da auf einen heiklen Punkt aufmerksam geworden!«).
- Sie müssen nicht immer alles (besser) wissen und ständig versuchen, Patentrezepte und -lösungen zu verteilen.
- Auch mal die eigene Meinung zur Diskussion stellen (»Mich würde interessieren, wie Sie darüber denken!« u.Ä.).
- Bei Vielschwätzern, die gar kein Ende finden, können Sie gelegentlich dazwischenfunken. Natürlich auf freundliche Art und Weise, z.B.: »Entschuldigung, darf ich Sie unterbrechen? Ich würde gern wissen, ob die Gruppe das auch so sieht.«
- Möchte einer der Teilnehmer Sie durch direkte oder indirekte Angriffe verunsichern, sollte Ihre Gegenstrategie lauten: Hervorheben der Partnerrolle, Gemeinsamkeiten der Situation unterstreichen, auf das sachliche Thema zurückleiten, nicht provozieren lassen, bei anderen Unterstützung suchen.

Verschießen Sie Ihr Pulver nicht zu früh. Bringen Sie das beste Argument am Schluss, das zweitbeste am Anfang usw. Für das richtige Argumentieren bietet die Fünfsatz-Technik ein gutes gedankliches Rüstzeug, praktische Hilfe und Orientierung. Sie leistet nützliche Dienste, wenn Sie Ihre Statements situativ und hörerbezogen vortragen.

1. Benennen Sie klar und kurz Ihren Standpunkt:
   »Ich bin davon überzeugt, dass ...«
2. Präsentieren Sie Ihre Argumente:
   »Meine Erfahrungen sind ...«
3. Untermauern Sie diese durch Beispiele, Beweise:
   »Ich habe mit Erfolg z.B. ... Als Nachweis für ... kann ich anführen ...« usw.
4. Begegnen Sie möglichen Einwänden bzw. kommen Sie ihnen zuvor:
   »Sie werden jetzt denken ... Ich versichere Ihnen ...«
   (siehe auch nächsten Abschnitt)
5. Ziehen Sie das Fazit:
   »Aus diesen Gründen (1..., 2..., 3...) plädiere ich für ...«

Die vier wichtigsten Schritte für einen erfolgreichen Diskussionsverlauf

Nicht selten kommt eine Diskussion nur schleppend in Gang, weil keiner vorpreschen möchte oder das Thema so unumstritten ist, dass sich nur schwer unterschiedliche Positionen herauskristallisieren. Das macht die Sache nicht gerade einfach, kann aber andererseits für Sie auch die Chance sein: Wenn Sie versuchen, Struktur in die Diskussion zu bekommen und damit einen konstruktiven Beitrag für den Argumentationsaustausch liefern, können Sie Pluspunkte sammeln. Gehen Sie systematisch und schrittweise vor:

1. Schritt: Orientierung

Jeder Versuch, sich bereits im Anfangsstadium auf ein Diskussionsziel zu einigen, dürfte zu erheblichen Problemen führen.

Eine sinnvolle Strategie kann gerade zu Beginn einer Gruppendiskussion auch darin bestehen, das Thema durch Fragen besser handhabbar zu machen. Mögliche »Eisbrecher-Fragen« sind u.a.: Wie sieht jeder einzelne in der Gruppe die Problematik? (Kurzumfrage/Meinungsbild) Wo sind die Meinungsschwerpunkte? Wo gibt es Gemeinsames/Trennendes?

2. Schritt: Zielsetzung

Befreien Sie sich von der Vorstellung, dass Sie ein Thema bis in alle Facetten durchdiskutieren können und am Ende mit einem perfekten, für alle Gruppenmitglieder gleichermaßen zufriedenstellenden Ergebnis aufwarten. Das ist schon angesichts der knappen Zeit so gut wie unmöglich.

»Welche Diskussionsziele sind in der Kürze der Zeit realisierbar? Kann das Thema eingegrenzt werden und ist das hilfreich?« – das sind Fragen, die einen Konsens herbeiführen können, der der Gruppe dazu verhilft, in der Kürze der zur Verfügung stehenden Zeit eine akzeptable Lösung zu finden. Hierbei bietet es sich an, grafische Hilfs- und Darstellungsmittel (Flipchart usw.) einzusetzen, um das Vereinbarte zu verdeutlichen.

Das gilt übrigens für sämtliche Diskussions- und Präsentationsübungen. Wenn Ihnen Medien wie Overheadprojektor, Flipchart, Tafel etc. angeboten werden, nutzen Sie diese unbedingt! So können Sie Ihren Vortrag anschaulicher gestalten. In der Gruppendiskussion dürfen Sie gerne Ihre Dienste anbieten, um nach vorn zu gehen und die wichtigsten Punkte zu notieren. Aber Vorsicht: Fragen Sie vorher die anderen. Sonst sieht es so aus, als wollten Sie sich in den Vordergrund drängen. Und das sehen auch die Assessoren gar nicht gern ...

3. Schritt: Lösungsweg

Mit den richtigen Fragen geht es am besten voran! Fragen Sie doch die anderen Teilnehmer, wie man ihrer Meinung nach am besten zu einem Ergebnis kommt oder welche Möglichkeiten sich anbieten und was davon am erfolgversprechendsten ist. Diese Fragen können dazu beitragen, dass alle in dieselbe Richtung (wenn auch mit unterschiedlichen Ergebnissen) denken und Sie ganz nebenbei von den Prüfern Pluspunkte erhalten für Ihren Versuch, Struktur ins Gespräch zu bringen. Stellen Sie Ihre Kooperationsfähigkeit innerhalb einer Gruppe unter Beweis, indem Sie Ideen und Anregungen anderer aufgreifen und weiterentwicckeln und auch passivere Teilnehmer zum Mitdiskutieren ermuntern.

4. Schritt: Ergebnisprüfung

Im Verlauf des Gesprächs (nicht erst gegen Ende) können Sie zur Ergebnisprüfung aufrufen: Fragen Sie in die Runde, wie weit man mit der Bearbeitung des Themas gekommen ist (Meinungsbild/Schwerpunkte). Was kann zusammenfassend zum jetzigen Zeitpunkt ausgesagt werden? Kann man ein Resümee ziehen? Diese Fragen sind hilfreich, um Ihnen und der Gruppe von Zeit zu Zeit zu helfen, das Hauptziel im Auge zu behalten und ergebnisorientiert vorzugehen. Außerdem machen Sie so eine gute Figur im AC-Spiel und sammeln Pluspunkte.

Wenn Sie die Diskussionsleitung übernehmen sollen

Möglich ist, dass Sie vor die Aufgabe gestellt werden, in einer Gruppendiskussion die Gesprächsleitung zu übernehmen. Allerdings geschieht es nur sehr selten, dass Ihnen so eine Sonderrolle zuteil wird, da deren Bewältigung sich nur schlecht mit den Leistungen anderer Kandidaten vergleichen lässt. Sollte es aber doch einmal dazu kommen, empfehlen wir Ihnen folgende Strategie:

1. Einleitung

- Hinführung zum Thema; allgemeine Problemskizze entwickeln
- Versuchen, auf einen oder zwei Themenaspekte festzulegen (»Darf ich Ihr Einverständnis voraussetzen, wenn wir…?«)
- Delegation der Gesprächskompetenz
  a) Frage als Diskussionsanreiz:
     »Wie ist Ihre Erfahrung?«
     »Was sollte geschehen?«
     »Welche Möglichkeiten sehen Sie …?«

b) These zur Diskussion stellen, evtl. in Frageform:
»Sind Sie auch der Ansicht, dass…?«

2. Verlaufsregelung

- Versuchen, Beiträge in eine prägnante Aussage zu fassen und als These weiterzugeben; evtl. Zielfrage anfügen: »Wollen wir uns auf diesen Punkt konzentrieren?«/»Ist es nicht wirklich besser, wenn wir …?«
- Möglichst keine Parteinahme; sich widersprechende Beiträge als Widersprüche stehen lassen; alle Beiträge und Positionen »sind interessant …«/»überlegenswert …«/»nachdenkenswert …« usw.
- Ausgeglichene Rollenverteilung herstellen, auch stillere Diskussionsteilnehmer einbeziehen
- Sich einschalten, wenn »Schockpausen« eintreten (Differenzierung, Hervorheben des Positiven etc.)
- Häufig positive Verstärkung geben (»Ein interessanter Gesichtspunkt«/»Das scheint mir ein außerordentlich wichtiger Aspekt«/»Gut, dass Sie darauf eingehen!« etc.)
- Deutliches Interesse für die Beiträge zeigen (»Ich habe auch schon überlegt, ob möglicherweise …«/»Ich glaube, es lohnt sich ganz gewiss, noch mehr darüber zu wissen/zu sagen/nachzudenken« etc.)

3. Ausklang

- Vorschlag: »Vielen Dank für Ihre Diskussionsbeiträge, die ich persönlich sehr interessant fand. Sie haben uns die Vielschichtigkeit des Themas X deutlich gemacht, auch wenn einige wichtige Aspekte wegen der Kürze der Zeit nicht ausreichend behandelt werden konnten …«

 wie Hervorheben der Partnerrolle

Gerade die Gruppendiskussion verlangt von den Teilnehmern eine echte Gratwanderung. Einerseits heißt das Spiel »Jeder gegen jeden«, in dem man sich positiv von den anderen (der Konkurrenz) abheben möchte, andererseits ist ein konstruktives Ergebnis nur durch einen sozial kompetenten Umgang miteinander möglich. Hier das richtige Maß zu finden ist nicht einfach.

Bei allen Hoffnungen und Bemühungen um ein gutes Abschneiden in der Gruppendiskussion dürfen Sie die anderen nicht vergessen. Es geht also nicht darum, die Diskutanten an die Wand zu reden oder sie mit zig Superargumenten zu überschütten, sondern sich als sozial kompetent zu erweisen, indem man immer wieder die Partnerrolle hervorhebt.

wie Interview

Oft wird das AC-Interview mit einem gewöhnlichen Vorstellungs- oder AC-Abschlussgespräch verwechselt. Während im klassischen Vorstellungsgespräch eher allgemein abgeklärt werden soll, wie es bei Ihnen um die schon genannten Merkmale Persönlichkeit, Leistungsmotivation und Kompetenz bestellt ist, und im Abschlussgespräch eher der Gesamteindruck noch einmal abgerundet wird, stehen beim Interview spezielle Anforderungen des Ausbildungsplatzes im Mittelpunkt.

Testet man bei zu besetzenden Managerposten, ob Führungsneigung und -qualifikation gegeben sind, steht dies bei Ihnen, dem Bewerber um einen Ausbildungsplatz und damit einem Berufseinsteiger, verständlicherweise noch nicht oder nicht in dem Maße zur Debatte. Im Interview geht es vielmehr darum, Sie mit Ihren Stärken (und auch Schwächen), mit Ihrer Interessenausrichtung, Ihren Einstellungen und Meinungen kennenzulernen. Fragen zu Verantwortung und Führung zeigen aber bereits die Tendenz eines solchen Interviews an. Ein Bewerber berichtet:

»... Weil wir uns so schön warmgeredet hatten, ging's dann ab auf die Couch – na ja, fast. Wir mussten abwechselnd für etwa 20 Minuten zu einer Psychologin, die mit uns Einzelinterviews führte. Weil immer nur einer drankam, war schon klar: Geduld war angesagt ... Die Psychologin ließ uns kurz den Lebenslauf wiedergeben und fragte uns nach dem aktuellen Tagesgeschehen, der Gruppendiskussion. Außerdem wollte sie unsere Haltung zu Themen wie Verantwortung, Führung und Teamfähigkeit wissen. Auch unser Wissensstand über die Ausbildung, spätere Aufgaben und der Behördenaufbau wurden besprochen.

Doch damit nicht genug. Es schloss sich ein weiteres Einzelgespräch an – diesmal mit den Verwaltungsangestellten. Eine Dreiviertelstunde lang ging es genau um die Themen, über die man zuvor mit der Psychologin gesprochen hatte. Außerdem wurden jedem Bewerber bestimmte Fälle, mit denen man als Verwaltungsangestellter zu tun haben kann, geschildert. Wir mussten dann erläutern, wie wir uns verhalten würden ...«

Rechnen Sie im Interview mit folgenden Fragen

- Wie kommen/kamen Sie mit Ihren Klassenkameraden zurecht?
- Haben Sie in der Schule schon einmal Führungsaufgaben oder -funktionen übernommen (z.B. als Klassen- oder Schulsprecher)?
- Sind Sie Mitglied in einem Verein?
- Treiben Sie Sport?
- Wo liegen Ihre Interessen?
- Welchen Freizeitaktivitäten gehen Sie nach?
- Wie stellen Sie sich Ihre berufliche Laufbahn vor?
- Möchten Sie einmal Vorgesetzter sein?
- Was, glauben Sie, sind die wichtigsten Eigenschaften eines Vorgesetzten?

Insgesamt kommt es auch im AC-Interview auf eine gute Portion Selbstdarstellungsfähigkeit an. Wer von sich und seinen Fähigkeiten in angemessenem Maß überzeugt ist und darüber hinaus in der glücklichen Lage, andere überzeugen zu können, hat leichtes Spiel. So einfach und zugleich kompliziert ist die Sache. Der/die Interviewer achtet(n) insbesondere auf Folgendes:

Das erkennbare Aktivitätspotenzial
- Kontaktfähigkeit:
  aktives Zugehen auf andere
- Führungspotenzial/-motivation:
  Anstreben einer Führungsposition/-rolle
  Initiativen zur Strukturierung/Koordination sozialer Prozesse
- Selbstwertgefühl:
  positiv und erfolgsorientiert
  angemessene Selbstsicherheit
- Durchsetzungsvermögen:
  Zielstrebigkeit
  Durchsetzungsbeharrlichkeit
  Stresstoleranz

Die Ausdrucksmöglichkeiten
- mündliche Formulierungsfähigkeiten:
  flüssige/unmissverständliche Ausdrucksfähigkeit
- Überzeugungskraft:
  Vorschläge/Ziele/Methoden werden von anderen übernommen

Argumentation erzeugt bei anderen keinen Widerstand
Flexibilität in Ausdruck/Argumentation

Um das Interview gut zu bewältigen, sollten Sie sich vorher eingehend Gedanken darüber machen, wie Sie sich präsentieren wollen:
- Ihren Lebenslauf mit Ihrem persönlichen Hintergrund
- Ihre Vorstellung von dem Beruf
- Ihre langfristigen Ziele
- Ihre besondere Eignung für den angestrebten Beruf
- Ihre Leistungsmotivation

Hilfreich für die Bewältigung dieser Aufgabe ist eine gründliche Auseinandersetzung mit sich selbst und den so einfach klingenden, aber doch recht komplexen Fragen:
- Wer bin ich, was für ein Mensch bin ich?
- Was kann ich?
- Was will ich?
- Was ist möglich?

Haben Sie das für sich geklärt, werden Sie nicht nur im AC-Interview, sondern im gesamten Bewerbungsverfahren eine im wahrsten Sinne des Wortes selbstbewusstere Haltung zeigen können, denn Sie sind sich Ihrer selbst bewusst und wissen, was Sie in die Waagschale zu werfen haben.

wie Jagdsaison eröffnet oder: Fiese Fragen im Stressinterview

Manchmal wird bei AC-Interviews mit richtig harten Bandagen gekämpft. Mit Stressinterviews soll – wie der Name schon sagt – Ihre Stress- und Frustrationstoleranz getestet werden. Das Hauptziel der AC-Veranstalter hierbei ist es, Sie aus der Reserve zu locken, Sie zu provozieren und Ihr Verhalten in einer Stresssituation zu testen. Es liegt an Ihnen, wie weit Sie sich darauf einlassen und inwieweit Sie vorbereitet sind. Wie schwer es ist, nicht aus der Haut zu fahren, beschreibt folgender Bewerber:

»Zwei unbekannte Personen saßen mir gegenüber, eine dritte kannte ich bereits aus dem Kreis der AC-Beobachter. Letztere übernahm die Vorstellung, machte uns miteinander bekannt. Ich bekam als Erstes die Frage gestellt: ›Nun, Herr M., wie fühlen Sie sich denn heute?‹ – mit einem gewissen Unterton, der mir sofort Sorgen bereitete.

Spielte man wirklich auf die am Vortag eingestandene leichte Erkältung an? Oder war es mehr der nicht gerade überzeugende Eindruck, den ich bei der Gruppendiskussion über das Thema Glücksspiel hinterlassen hatte? Mein ›Danke der Nachfrage‹ schien ausreichend genug, denn sofort hatten sie eine neue Frage parat.

Ob ich so gut sein könnte, ihnen einmal kurz meinen Werdegang zu schildern. Nach zwei Minuten wurde ich unterbrochen, mit der Frage, wie denn meine beruflichen Ziele jetzt aussehen würden. Meine Antwort darauf hörte man sich eine knappe halbe Minute lang an. Ich war kaum in Fahrt gekommen, da bedrängten sie mich mit der Frage, ob ich denn wirklich zufrieden sein könne mit meinen bisher gezeigten Leistungen im Assessment Center.

Natürlich nicht, gab ich zähneknirschend zu, was dazu führte, dass sie nun wissen wollten, ob ich mich nicht mit der Bewerbung hier übernommen hätte. Außer einem etwas dummen ›Wieso?‹ fiel mir vor lauter Schreck nichts ein. Mit süß-saurer Miene gaben sie zu, mein schlechtes Abschneiden aufrichtig zu bedauern. Was ich dazu zu sagen hätte, wollten sie wissen.

Das Ganze ging noch etwa fünfzehn Minuten so weiter, die mir allerdings vorkamen wie eine geschlagene Stunde. Viel habe ich nicht sagen können zu meiner Verteidigung, als plötzlich der Interviewstil kippte und man mir bedeutete, das alles vorher Gesagte überhaupt nicht so gemeint gewesen sei. Im Gegenteil – man sei recht zufrieden und ich hätte eben bewiesen, was ich für gute Nerven habe. Ob ich schon mal was vom Stressinterview gehört hätte. Offensichtlich nicht. Ich durfte mich entfernen und ging in den Raum zurück, in dem alle Kandidaten ihren Aufsatz schrieben. Mit weichen Knien setzte ich mich wieder an das Aufsatzthema ›Vorbilder heute‹ und musste an die Irrfahrten und Prüfungen des armen Odysseus denken …«

Die oberste Regel im Stressinterview lautet: Ruhe bewahren und gelassen bleiben. Antworten Sie möglichst kurz und knapp, und nötigenfalls können Sie freundlich, aber bestimmt darauf hinweisen, dass es auch für Ihre Toleranz und Geduld Grenzen gibt. Sehr beliebt bei Interviewern ist es auch, Schweigepausen einzulegen. Das soll Sie als Kandidaten verwirren und aus dem Konzept bringen. Aber Sie lassen sich natürlich nicht in diese Falle locken, durchschauen den Versuch und ertragen ihn mit freundlicher Gelassenheit. Übrigens: Sie müs-

Begriffe von A bis Z

sen nicht alle Fragen beantworten. Intime Details, Ihre Entscheidung, wo Sie als Erstwähler Ihr Kreuzchen gemacht haben oder welche Partei Sie, wenn Sie schon wählen können, bevorzugen würden, gehen niemanden etwas an. Weisen Sie derartige Fragen zurück – selbstverständlich auf die bewährte freundliche Art. Zeigen Sie, dass Sie Grenzen setzen können.

Lassen Sie sich nicht dazu hinreißen, Dinge auszuplaudern, die Sie eigentlich nicht mitteilen wollten. Das beste Rezept, um das Stressinterview heil zu überstehen, ist folgendes: das Ziel Ihres Gegenübers zu durchschauen (Sie wissen ja, Stichwort Provokation) und auf unangenehme, heikle Fragen vorbereitet zu sein. Überlegen Sie, ob es in Ihrem Lebenslauf Punkte gibt, auf die sich der Stressinterviewer stürzen könnte (Sitzenbleiben oder eine größere Zeitspanne zwischen Schulabschluss und der Bewerbung). Es kommt für Sie darauf an, dass Sie eine Strategie entwickeln, um mit diesen Situationen fertig zu werden.

Beispiele für fiese Fragen:
- Was spricht gegen Sie als Bewerber?
- Was sind Ihre Schwächen, Defizite, Nachteile?
- Was war Ihr größter Misserfolg, Ihre größte Enttäuschung?
- Was haben Sie daraus gelernt?
- Wovor fürchten Sie sich?
- Was kann Sie richtig ärgerlich machen?
- Was mögen Sie nicht, was schätzen Sie bei z.B. Freunden, Klassenkameraden, Lehrern und Eltern nicht?
- Welche Anti-Vorbilder haben Sie, welche Personen lehnen Sie ab und warum?
- Was würden Sie in Ihrem Leben anders machen, wenn Sie noch mal von vorn anfangen könnten?
- Was wollen Sie wann und wie beruflich in Ihrem Leben erreicht haben?
- Was ist Ihr Lebensmotto?
- Wie definieren Sie die Begriffe Führung, Verantwortung, Schwäche, Leistung?
- Was machen Sie, wenn wir Sie nicht nehmen?
- Was würden Sie tun, wenn Sie im Lotto Millionen gewinnen?

Ein kleiner Hinweis noch: Missverstehen Sie nicht jede kritische Frage als den Beginn eines Stressinterviews, und begegnen Sie Ihrem AC-Interviewpartner nicht von vornherein übertrieben misstrauisch.

Die 11 wichtigsten Verhaltensregeln für das AC-Interview

1. Hören Sie aufmerksam und konzentriert-zugewandt zu.
2. Halten Sie angemessenen Blickkontakt.
3. Beobachten Sie genau (ohne zu mustern).
4. Überlegen Sie, bevor Sie antworten, nehmen Sie sich die Zeit.
5. Scheuen Sie sich nicht nachzufragen.
6. Reden Sie lieber etwas weniger als zu viel.
7. Lassen Sie Ihren Gesprächspartner (aus-)reden.
8. Warten Sie ab, stehen Sie auch mal eine kleine Gesprächpause durch.
9. Seien Sie lieber etwas mehr zurückhaltend als zu wenig.
10. Bleiben Sie sachlich, ruhig, geduldig und gelassen.
11. Versuchen Sie, die wichtigsten Regeln der Körpersprache, die wir im Folgenden ausführen, zu berücksichtigen.

 wie Körpersprache

Im AC-Interview zählen also nicht nur wohlbedachte Wortwahl und Sprechweise. Auch nonverbale Signale und Körpersprache sind von großer Bedeutung und fließen in die Beurteilung ein.

Erhobener Zeigefinger, hochgezogene Augenbrauen, gerümpfte Nase und eine in Falten gelegte Stirn sprechen eine deutliche Sprache. Wer die Hände im Schoß faltet oder hinter dem Kopf verschränkt, signalisiert seiner Umwelt bewusst oder unbewusst etwas.

AC-Beobachter haben nach gängiger Praxis bestimmte Bedeutungserklärungen parat, was eine bestimmte Haltung, Geste oder Mimik über die eigene momentane Stimmung und Einstellung aussagt.

Im Wesentlichen geht es um:
- Blickverhalten
- Mimik
- Gesten
- Körperhaltung
- Sprechweise
- Geruch

Bitte nehmen Sie die folgende Aufstellung nicht zu ernst, aber Sie sollten wissen, wie Ihr Verhalten – bei Gruppendiskussion, Präsentationen und AC-Interview – möglicherweise interpretiert werden könnte.

Körpersignal	Bedeutung
Blickverhalten	
Augen betont weit offen	Aufmerksamkeit, Aufnahmebereitschaft, Sympathie, Weltoffenheit signalisierend, Flirtverhalten
verengte Augenöffnung	Konzentration, Entschlossenheit, Eigensinn, Kleinlichkeit, überkritische Haltung
zugekniffene Augen	Abwehr, Unlust
gerader Blick	Offenheit, reines Gewissen, Vertrauen
schräger Blick	abschätzende Zurückhaltung
häufiger Blickkontakt	Sympathie
häufiges Wegsehen	mangelnde Sympathie oder Verlegenheit
auffällig häufiger Lidschlag	Unsicherheit, Befangenheit, u.U. nervöse Störung
Mimik	
offenes Lächeln	offene Heiterkeit, uneingeschränkte Mitfreude
gequältes Lächeln	ironisch, schadenfroh, blasiert, ängstlich
überwiegend geöffneter Mund	Mangel an Selbstkontrolle
zusammengepresster Mund	Zurückhaltung, Reserviertheit, Verkniffenheit, Kontaktarmut
Mundwinkel nach unten	Enttäuschtsein, Pessimist, depressiv
Mundwinkel nach oben	Aktivität bis Abwehr
Heben der Augenbrauen	Ungläubigkeit oder Arroganz
Gesten	
übertrieben kräftiger Händedruck (»Knochenbrecher«)	Rücksichtslosigkeit, Angeberei
kräftiger Händedruck ohne Übertreibung	Aufrichtigkeit, Sicherheit
schlaffer Händedruck (»tote Hasenpfote«)	Unsicherheit, kontaktarm, leicht beeinflussbar
Hand wegziehend	Verschlossenheit

verschränkte Arme	
• bei Männern	Ablehnung, Verschlossenheit
• bei Frauen	Selbstschutz, Angst
Hand vor den Mund halten	
• während des Sprechens	Unsicherheit
• nach dem Sprechen	will das Gesagte zurücknehmen
Sprecher hält Armlehnen mit beiden Händen fest	Aggressivität, aber etwas unsicher, neigt zur Weitschweifigkeit
Kopf auf Hände stützen	Nachdenklichkeit, Erschöpfung, Langeweile
Spitzdach mit den Händen formen	Arroganz, Abwehr gegen Einwände
Hände reiben	selbstgefällig, selbstzufrieden
spielende Hände	Zeichen von Erregung, Nervosität, Befangenheit, Angst, Verwirrung
mit dem Finger auf den Gesprächspartner zeigen	Angriff, Wut
Hand zur Faust verkrampfen	Wut, verhaltener Zorn
Anfassen der Nase	Nachdenklichkeit, kritische Haltung, Verlegenheit
über den Hinterkopf streichen, Zupfen an den Ohren	Verlegenheit, Unbehagen, Ärger
Streichen des Kinns	Nachdenklichkeit, Zufriedenheit
Finger zum Mund nehmen	verlegen, unsicher
mit den Fingern trommeln	Nervosität, Ungeduld
häufiges Abnehmen der Brille	Ablehnung, Angriff, Nervosität
Körperhaltung	
Achselzucken, die Handflächen nach außen	passive Hilflosigkeit
übereinandergeschlagene Beine	
• zum Gesprächspartner hin	Aufbau eines Sympathiefelds
• vom Gesprächspartner weg	Ablehnung, Unwillen
übergeschlagene Beine, Knie in die Hand gestützt	kritisch, skeptisch
dicht aneinandergestellte Füße beim Sitzen	schuldhafte Ängstlichkeit, Einzelgänger, überkorrekte Grundeinstellung
breit auseinanderklaffende Beine beim Sitzen	sorglose Unbekümmertheit, Rücksichtslosigkeit

friedlich ruhende Sitzhaltung	Selbstsicherheit, aber auch robuste Unbekümmertheit, seelische Erschöpfung
alarmbereite Sitzweise (auf dem Sprung sein)	Mangel an Selbstvertrauen und Sicherheit, auch Misstrauen, innere Unruhe, Angst
Füße um die Stuhlbeine legen	Unsicherheit, Suche nach Halt
Füße nach hinten nehmen	Ablehnung
mit den Füßen wippen	Arroganz, Ungeduld, Sicherheit, Aggressivität
steife, militärische Körperhaltung, geziert aufrecht	Unterdrückung von Angst
breitbeinig dastehen, Daumen in die Achselhöhlen	Selbstsicherheit
den Oberkörper weit nach vorn lehnen	Interesse, Sympathie, Wunsch zu unterbrechen
den Oberkörper weit zurücklehnen	Desinteresse, Ablehnung
Sprechweise	
lautstarke Stimme	Vitalität, Selbstbewusstsein, Kontaktfreude, aber auch Unbeherrschtheit, Geltungsdrang
leise, flüsternde Stimme	Schwäche, mangelndes Selbstbewusstsein, aber auch Sachlichkeit, Bescheidenheit
schnelles Sprechtempo	Impulsivität, Temperament, aber auch ungezügelt, nervös
langsames Sprechtempo	antriebsschwach, aber auch Sachlichkeit, Besonnenheit, Ausgeglichenheit
wechselndes Sprechtempo	innere Unausgeglichenheit
ausgeprägte Pausengestaltung	Disziplin, Selbstbewusstsein
starke Akzentuierung	Lebhaftigkeit, Gefühlsstärke
schwache Akzentuierung	Uninteressiertheit, mangelnde geistige Flexibilität
Geruch	
parfümiert	werbend
überstark parfümiert	unsicher, vernebelnd
Schweißgeruch	ängstlich, unordentlich

Mit der Körpersprache drücken wir unseren Gefühlszustand aus. Den meisten Menschen ist gar nicht bewusst, dass sie mit dem Körper genauso deutlich sprechen wie mit Worten. Sie sollten sich dessen bewusst sein und daher in der AC-Situation verstärkt auf Ihre körperlichen Signale achten. Allerdings halten wir wenig von einer durch und durch einstudierten Körpersprache – das ließe sich wahrscheinlich auch nicht lange aufrechterhalten, weil das Unterbewusstsein jede dauerhafte Kontrolle vereitelt.

wie lächeln, immer nur lächeln

Auch die Mimik hat ihre Bedeutung. Jedes Kind weiß, dass ein verspanntes Gesicht, ein verkniffener Mund, enge oder weit geöffnete Augen, gequältes Lächeln oder feistes Grinsen Alarmzeichen sind.

Ob sie aber so einfach interpretierbar sind, wie es sich manche Personalauswähler vorstellen, darf wirklich bezweifelt werden. Fest steht jedoch, dass Sie Pluspunkte sammeln, wenn Sie Ihr Gegenüber freundlich ansehen (nicht grinsen!), wenn Sie oft Augenkontakt haben – ohne allerdings zu starren. Und ein natürliches Lächeln hinterlässt mit Sicherheit eine bessere Wirkung als ständig nach unten hängende Mundwinkel, die eher auf Desinteresse, schlechte Laune oder starke Verunsicherung schließen lassen.

wie modisch

Wir wissen, dass der erste Eindruck von einem anderen Menschen sehr prägend ist und in den ersten Sekunden und Anfangsminuten des Zusammentreffens entsteht. Es ist sehr schwer, diesen rückgängig zu machen oder in eine andere Richtung zu lenken. Deshalb achten Sie beim AC darauf, alles zu tun, um einen positiven ersten Eindruck zu hinterlassen. Dazu gehört natürlich auch Ihre Kleidung. Sie sollte modisch »berufsangemessen« sein. Was das heißt, lässt sich ganz schnell feststellen, wenn Sie sich einmal in dem Unternehmen, bei dem Sie sich bewerben, umschauen. Wie sind dort die Mitarbeiter gekleidet? Geht es formal sehr korrekt zu – die Herren in Schlips und Anzügen, die Damen in Kostümen? In anderen Firmen darf es vielleicht lässiger sein, also durchaus der Pullover oder die Bluse ohne Blazer. Trotz aller Lässigkeit sollten Sie aber grundsätzlich auf gewagte Dekolletés, bauchfreie Tops oder bis zum Bauchnabel aufgeknöpfte Hemden verzichten. Informieren Sie sich, welches Outfit angesagt ist. Natürlich muss Ihre Garderobe auch zu Ihrem Typ und Ihrem Alter passen und vor allem gepflegt sein. Wenn Sie zu einem Assessment Center reisen, packen Sie auf jeden Fall noch Ersatzkleidung ein, für den Fall, dass Sie sich beim Essen bekleckern oder auf der Hinreise in Regen geraten.

 wie natürlich oder:
Schweißfluss kontra Parfumwolke

Keine Frage – Prüfungssituationen wie das AC regen den Schweißfluss an. Peinlich, wenn man dann riecht, sich unwohl fühlt und Angst hat, dass Prüfer und Mitstreiter es auch bemerken könnten. Deshalb sollten Sie zum AC nur wirklich frisch gewaschene oder ausreichend gelüftete Kleidung anziehen. Sonst riecht es nach kurzer Zeit. Verzichten Sie vor der Prüfung auch auf scharfe Gewürze, denn die bringen die Schweißdrüsen noch mal richtig in Wallung. Außerdem gibt es spezielle Deodorants, Antitranspirants, die Schweißblocker mit Aluminiumsalzen enthalten und gegen übermäßiges Schwitzen wirken. Auch Salbeitee leistet gute Dienste. Unterhemden mit kurzem Arm (oder ein T-Shirt unter dem Hemd) verhindern, dass Schweißflecken im Hemd oder der Bluse sichtbar werden.

Setzen Sie aus Angst vor Schweißgeruch aber auch nicht gleich die große Parfumkeule ein. Ein leichter Hauch ist in Ordnung, aber bitte nicht die halbe Flasche. Sie wollen ja niemanden betäuben. Außerdem wird übermäßiges Parfümieren von vielen Menschen als belästigend empfunden. Denken Sie daran, dass Sie selber Ihren bevorzugten Parfumgeruch nicht mehr so stark wahrnehmen wie Ihre Umgebung. Also: Weniger ist mehr.

 wie oben ohne oder: Bartträger haben's schwer

Bartträger haben es bei ACs und Vorstellungsgesprächen schwerer als bartlose Kandidaten. »Kein Bart« lautet die ungeschriebene, aber konsequent angewandte Regel einer großen deutschen Bank. Der Bart bzw. dessen Träger soll scheinbar etwas verbergen, und wer hinauf will in die Höhen der deutschen Wirtschaft, darf (zunächst einmal) keine Anzeichen dieser Art in die Vorstellungsrunde einbringen.

Wenn Sie sich trotzdem nicht von Ihrem Bart trennen wollen, sollten Sie darauf achten, dass er gepflegt aussieht und akkurat gestutzt ist. Falls Sie zu starkem Haarwuchs neigen und die Haare sogar aus Nasenlöchern und Ohren sprießen, ist es Zeit, hier Hand anzulegen.

Piercings sind ein großes Problem.

Für Frauen gilt, sehr sorgfältig mit Make-up umzugehen. Dezent aufgetragen hilft es, frischer auszusehen und die Spuren eines anstrengenden ACs besser zu überdecken. Aber bitte keine dicken Schichten, die zukleistern, statt das Aussehen zu unterstützen.

wie Postkorbübung

Dies ist eine ganz klassische AC-Aufgabe. Der Postkorb ist neben der führerlosen Gruppendiskussion die am häufigsten eingesetzte Übung im AC. Hierbei handelt es sich um einen sogenannten Papier-Bleistift-Test (Paper-Pencil-Test), den jeder Teilnehmer für sich allein zu bearbeiten hat.

Worum geht es? Sie bekommen eine Art Regieanweisung, die besagt, dass Sie sich in die Situation einer bestimmten Person hineinzuversetzen haben. Das Problem: Diese Person muss unter Zeitdruck unzählig viele und angeblich wichtige Entscheidungen treffen. Insgesamt hat man meist eine Dreiviertelstunde Zeit für diese Übung. Das hört sich viel an – ist es aber leider nicht.

Zunächst haben Sie eine Unmenge von Papieren durchzulesen. Schon das erfordert eigentlich den größten Teil der Bearbeitungszeit. Dann wird von Ihnen verlangt, sich in der vorgegebenen schwierigen Situation (diese ist Ihnen eingangs erklärt worden) sehr schnell für eine angemessene Vorgehensweise mit den Ihnen vorgestellten Ereignissen, Anforderungen, Problemen etc. zu entscheiden. Und natürlich müssen Sie all Ihre Entscheidungen kurz schriftlich begründen. Manchmal wird es dann richtig gemein. Da hat man sich gerade entschieden, was in welcher Reihenfolge zu erledigen ist, und dann bekommt man – schriftlich reingereicht – weitere Zusatzinformationen, die den Plan wieder über den Haufen werfen, und neue Entscheidungen müssen getroffen werden. Ziel der Postkorbaufgabe ist es, Ihr Entscheidungsverhalten sowie Ihren Arbeitsstil und die Systematik zu beurteilen. Sind Sie in der Lage, Wichtiges von Unwichtigem zu unterscheiden und Prioritäten zu setzen? Können Sie Sachaufgaben delegieren und gleichzeitig dabei die Dinge nicht völlig aus dem Auge verlieren?

Anforderungen bei der Postkorbübung

1. Die Erfassung und Steuerung sozialer Prozesse

- Kontaktfreudigkeit:
  aktives Zugehen auf andere
- Einfühlungsvermögen:
  Erkennen/Berücksichtigung von Bedürfnissen/Gefühlen anderer
- Integrationsfähigkeit:
  Fähigkeit zur Konfliktanalyse und -lösung
  Bündelung multipler/divergierender Interessen auf ein Ziel hin
- Kooperationsfähigkeit
  kein Dominanzstreben auf Kosten anderer
  Verzicht auf Druck- und Machtmittel
- Informationspolitik:
  Weitergabe von Informationen

2. Das Erkennenlassen systematischen Denkens und Handelns

- abstraktes und analytisches Denkvermögen:
  Informationsordnung nach vorgegebenen Kriterien
- Kombinationsfähigkeit im Denken:
  Übernahme/Verarbeitung von Informationen/Denkstilen anderer
  die Fähigkeit, Alternativen zu entwickeln
- Entscheidungsfähigkeit:
  Aufsuchen und Verarbeiten aller Informationen
  Entscheidungsfreudigkeit/kein Abschieben
  Reflexion der Entscheidungskonsequenzen
- Arbeitsorganisation:
  Delegationsfähigkeit
  Einhalten von Zeitvorgaben
  Belastbarkeit/Stressresistenz
  Überblick verschaffen
  gewissenhafte Bearbeitung/Konzentrationsfähigkeit
- Planung und Kontrolle:
  Strukturierungsvermögen komplexer Sachverhalte

3. Das erkennbare Aktivitätspotenzial

- Arbeitsantrieb/-motivation:
  Konstanz der Arbeitsleistung bei komplexen Aufgaben

Oft schließt sich an den Postkorb das AC-Interview an. Hier werden die Bewerber dann noch einmal nach ihren Entscheidungen in der Postkorbübung befragt. Schlechte Noten handelt sich ein, wer unsystematisch und eher aus dem Gefühl heraus Entscheidungen trifft oder – was noch schlimmer wäre – sich vor einigen drückt.

Seien Sie tapfer, wenn aufgedeckt wird, dass Ihre Herangehensweise an die Probleme alles andere als logisch sinnvoll, geschweige denn systematisch und angemessen war. Es könnte nämlich sein, dass man Sie auch hier wieder testen will, um herauszufinden, wie schnell Sie von Ihrem Standpunkt abzubringen sind.

Im Einzelnen geht es in diesem Interview um folgende Anforderungen:

Anforderungen im Interview

1. Die Erfassung und Steuerung sozialer Prozesse
- Kontaktfähigkeit:
  Vertrauen/Unterstellen positiver Absichten
- Selbstdisziplin:
  auf Kritik angemessen (nicht eskalierend) reagieren
  moderat-freundlicher Umgangsstil

2. Das Erkennenlassen systematischen Denkens und Handelns
- abstraktes und analytisches Denkvermögen:
  Gemeinsamkeiten herausfinden
- Kombinationsfähigkeit im Denken:
  Übernahme/Verarbeitung von Informationen
- Entscheidungsfähigkeit:
  angemessene Entscheidungsfreudigkeit/kein Ab-, Aufschieben
  Reflexion der Entscheidungskonsequenzen
- Planung und Kontrolle:
  Suchen und Sichtbarmachen von Ordnungskriterien

3. Das erkennbare Aktivitätspotenzial

- Selbstwertgefühl:
  positiv und erfolgsorientiert
  angemessene Selbstsicherheit (auch bei Kritik)
- Durchsetzungsvermögen:
  Zielstrebigkeit
  Durchsetzungsbeharrlichkeit

4. Die Ausdrucksmöglichkeiten

- mündliche Formulierungsfähigkeiten:
  flüssige/unmissverständliche Ausdrucksfähigkeit
- Überzeugungskraft:
  Argumentation erzeugt keinen Widerstand
  Flexibilität in Ausdruck/Argumentation

Sowohl in der Postkorbübung als auch im Interview geht es vor allem auch um Ihre Belastbarkeit, Auffassungsgabe und Flexibilität. Können Sie vermitteln, dass Sie komplexe Aufgaben planvoll und überlegt organisieren, Ihre Arbeitsleistung selbst bei hohem Zeitdruck für eine längere Zeit nicht abfällt, Ihre Konzentration konstant bleibt und Sie bemüht sind, begonnene Arbeiten zügig abzuschließen?

An dieser Stelle zur Erinnerung: Nobody is perfect – und die Postkorbübung hat auch ihre Mängel. Hier hilft schon allein das Wissen, worauf es ankommt, ein gutes Stück bei der Bewältigung.

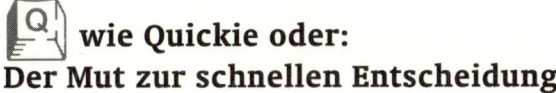 **wie Quickie oder:**
Der Mut zur schnellen Entscheidung

In der Arbeitswelt ist es eher angebracht und erwünscht, Dinge gründlich zu durchdenken und überstürztes Handeln zu vermeiden. Im Postkorb hingegen machen Sie damit keine Punkte. Leider! Hier ist der Mut zur schnellen Entscheidung gefragt. Unterstreichen Sie damit Ihre Selbstsicherheit und Ihren Optimismus.

Sie gehen dabei am besten folgendermaßen vor: Verschaffen Sie sich zunächst einen Überblick über alle Ihnen vorgelegten Informationen und notieren Sie sich parallel auf einem Extrazettel wichtige Details.

Dabei sollten Sie folgende Fragestellungen berücksichtigen:
- Ist ein Überblick geschafft?
- Lässt sich ein Zeitplan aufstellen?
- Welche Vorgänge/Ereignisse sind wirklich wichtig oder von Bedeutung und warum?
- Welche können zu Recht zurückgestellt oder zunächst vernachlässigt werden und warum?
- Wie sind die Zusammenhänge zwischen einzelnen Vorgängen/Ereignissen?
- Welche weiteren Gemeinsamkeiten lassen sich finden?

Mit der Vier-Häufchen-Methode kommen Sie gezielt weiter: Ordnen Sie die Informationen dabei vier Gruppen zu.

Vier-Häufchen-Methode
1. Muss ich selber machen.
2. Kann ich delegieren.
3. Kann warten.
4. Kann in den Papierkorb.

Fragen für die Eigenbearbeitung:
- Welche Aufgaben muss man unbedingt selbst bearbeiten?
- Welche Termine müssen eingehalten werden?
- Was passiert, wenn Termine verpasst werden?
- Lässt sich ein Ordnungssystem (Unterscheidungsmerkmale) für die einzelnen Vorgänge finden?
- Wo sind Prioritäten zu setzen und aus welchen Gründen?
- Wie ist dabei die Interessenlage?
- Wird bei der Bearbeitung/bei den Entscheidungen ein systematischer Leitgedanke deutlich?

Fragen für zu delegierende Aufgaben
- Was lässt sich an andere Personen delegieren und warum?
- Kontrollfrage dabei: Könnte bei den AC-Beobachtern der Eindruck entstehen, sich vor Entscheidungen oder Aufgaben drücken zu wollen?
- Wie lässt sich dabei eine Effizienz- und Erfolgskontrolle gestalten?

Abschließend können Sie Ihre Entscheidungen noch einmal einer kritischen Fragenkontrolle unterziehen:

- Fließen alle verfügbaren Informationen in die Entscheidungsfindung ein?
- Welche Konsequenzen und möglicherweise Probleme ziehen bestimmte Entscheidungen nach sich?
- Gibt es dazu Alternativen?
- Wie sind Entscheidungen zu erklären, zu rechtfertigen, zu begründen?
- Sind die Entscheidungsgründe für die AC-Beobachter nachvollziehbar?

Und denken Sie daran, während der Bearbeitung der Aufgaben möglichst gelassen zu wirken. Denn auch Ihre Körpersprache wird von den Assessoren registriert.

Übrigens gibt es in 99 Prozent der Postkorbübungen keinen Königsweg, also einen einzig richtigen Weg. Wichtig ist vielmehr, dass Sie im Interview auch begründen können, weshalb Sie sich für eine bestimmte Aufgabenverteilung entschieden haben.

wie Rollenspiel

Klassische Rollenspiele wie »Vater, Mutter, Kind« oder die berühmten Doktorspiele kennen Sie sicher noch aus Ihrer Kindheit. Typische Rollenspiele im Assessment Center sind Situationen, die sich in Betrieben ergeben können und wobei der Bewerber etwa in die Rolle eines Vorgesetzen oder eines Mitarbeiters schlüpfen soll. In der Regel spielt ein AC-Beobachter oder Moderator den Gegenpart. Seltener sind Rollenspiele, die durch zwei Prüflinge zu bewältigen sind.

Typisches Beispiel für ein solches Rollenspiel ist das Verkaufsgespräch. Sie sind neuer Mitarbeiter in einem Fahrradgeschäft und beraten einen Kunden, der auf der Suche nach einem Geschenk für seine Tochter ist. Sie wollen sich als guter Verkäufer bewähren und natürlich den Kunden überzeugen, dass er auch künftig bei Ihnen einkauft.

Von etwas härterem Kaliber sind dann schon Rollenspiele wie das Mitarbeitergespräch. Sie sind Chef eines Versicherungsunternehmens. Mit allen Vertretern läuft es gut, nur einer macht seit einem halben Jahr Probleme. Ihm unterlaufen Fehler, der Umsatz stimmt nicht etc. Ihre Aufgabe: ein Konfliktgespräch mit dem Mitarbeiter führen, von dem Sie aber auch wissen, dass er eine Reihe privater Probleme hat, wie auch folgender Berufseinsteiger in einem Assessment Center erleben konnte:

»Ich bekam von einem der AC-Beobachter freundlich lächelnd drei Seiten Text in die Hand gedrückt, mit der Aufforderung, mich in einem nahe gelegenen Raum (›Gehen Sie den Flur links entlang, dann geradeaus, die zweite Tür rechts, nicht zu verfehlen ...‹) mit dem Papier auseinanderzusetzen. Alles Weitere könnte ich dann der Instruktion entnehmen. ›Wir sehen uns in 15 Minuten wieder hier‹, waren seine Worte, als ich schon an der Flurtür stand und zunächst mal rechts den Gang entlanggehen wollte. ›Die falsche Richtung, Herr ..., links, habe ich doch gesagt, geradeaus ...‹

Das war nicht das Einzige, was an diesem Tag drohte schiefzugehen – also zurück in die richtige Richtung, und siehe da, die Tür war tatsächlich entsprechend groß beschildert. Mein dreiseitiger Text erklärte mir die zweite AC-Übung für diesen Vormittag.

Plötzlich war ich nicht mehr Bewerber und Berufseinsteiger, sondern zum Gruppenleiter Nord avanciert. Ich hatte eine neue Gruppe von Versicherungsvertretern zu übernehmen, lauter alte Hasen, die schon zehn Jahre und länger im Geschäft waren. Einer allerdings machte Probleme, Herr Müller: Seit einem halben Jahr schien ihm alles schiefzulaufen (was ihn mir auf Anhieb sympathisch machte). Vor zwei Jahren war Herr Müller noch Leistungsbester, dann jedoch ging es bei ihm langsam, aber kontinuierlich bergab. Das letzte Halbjahr war eine Katastrophe. Quasi null Umsatz.

Der Personalchef hatte mir gesteckt – konnte ich in meinem Text lesen –, dass es bei Müller wohl Alkohol- und Eheprobleme gebe. Von einem Kollegen war mir in der Kantine geflüstert worden, ob ich wüsste, dass Frau Müller – noch verheiratet mit meinem Sorgenkind – eine Cousine des Vorstandsvorsitzenden sei. Weitere Informationen folgten, z.T. so wichtige wie Müller sei Linkshänder, aber ein ausgezeichneter Fußballer mit regem Vereinsleben. Und etwas Dramatisches zum Schluss des dreiseitigen Textes: Seine älteste Tochter sei vor einem Monat bei einem Verkehrsunfall ums Leben gekommen.

Dann kam meine Aufgabe: Ich musste mit Herrn Müller ein Konfliktgespräch über seine Leistungen führen. Dabei wusste ich, dass ich anschließend dem Personalchef Bericht zu erstatten und eine Empfehlung auszusprechen hatte, wie man mit Herrn Müller weiter verfahren solle. Mögliche Trennungskonsequenzen seien ernsthaft zu erwägen.

Der umfassende Text und die darin enthaltenen Details – Gott sei Dank hatte ich

Papier und Bleistift zur Verfügung – beanspruchten fast 10 Minuten meiner Vorbereitungszeit. Viel Zeit blieb nicht, um mir eine Gesprächsstrategie zu überlegen. Da ging die Tür auf, und mein AC-Beobachter holte mich persönlich ab. Vor allen fünf AC-Beobachtern nahm ich an einem Extratisch Platz. Mir gegenüber mein ›Wegweiser‹, die Hand mir entgegenstreckend: ›Müller. Sie wollten mich sprechen?‹«

Für ein Rollenspiel hat man in der Regel 10 bis 30 Minuten Zeit. Vorher steht eine meist als zu knapp empfundene Vorbereitungszeit von 5 bis 15 Minuten zur Verfügung, in der sich der Bewerber mit einer schriftlichen Rollen- und Situationsbeschreibung vertraut machen kann.

Offen gesagt: Die Rolle, die Sie übernehmen müssen, ist weder leicht noch angenehm. Sie dürfen nicht mit allzu viel Entgegenkommen bei Ihrem Rollenspielpartner rechnen, denn seine Rolle sieht eben vor, Ihnen das Leben schwer zu machen.

Aus Ihrem gesamten Gesprächsverhalten versucht man Rückschlüsse und Prognosen zu ziehen, wie Sie sich später einmal als Mitarbeiter bewähren und ob Sie Verantwortung übernehmen können und vielleicht sogar das Zeug zur Führungskraft haben. Aber zu Ihrer Beruhigung: Ihnen als angehendem Azubi werden im AC eher Situationen begegnen, die näher an Ihrer Wirklichkeit sind als die Position eines Filialleiters oder Unternehmers. Sie können also eher mit einem Kunden- bzw. Verkaufsgespräch rechnen.

In jedem Fall sollte Ihr Ziel darin liegen, in diesem AC-Rollenspiel Ansätze einer Gesprächsstrategie erkennbar werden zu lassen. Gelingt es Ihnen, eine für beide Seiten akzeptable bzw. überzeugende Lösung zu erreichen? Können Sie also ein Ergebnis vorweisen, oder sind Sie in der Übung etwa nicht zu einem kreativen Ansatz gekommen?

Besonders wichtig ist das anschließende Gespräch über Ihr Verhalten im Rollenspiel: Zeigen Sie, wenn Sie von den AC-Beobachtern kritisch hinterfragt werden, dass Sie bereit sind, Verantwortung zu übernehmen. Sie sollten also nicht beim ersten Anflug von Kritik umfallen und zugeben, dass alles ein großer Fehler war.

Beim AC-Rollenspiel kommt es auf ähnliche Anforderungsmerkmale wie bei der Gruppendiskussion an.

1. Die Erfassung und Steuerung sozialer Prozesse

- Einfühlungsvermögen:
  Erkennen/Berücksichtigen von Bedürfnissen/Gefühlen anderer
- Kontaktfähigkeit:
  Beratung anbieten
  Vertrauen entgegenbringen
- Kooperationsfähigkeit:
  anderen aus Schwierigkeiten heraushelfen
  kein Dominanzstreben auf Kosten anderer
  Verzicht auf Druck- und Machtmittel
- Informationspolitik:
  Zuhörfähigkeit
- Selbstdisziplin:
  auf Angriffe angemessen (nicht eskalierend) reagieren
  moderat-freundlicher Umgang mit anderen

2. Das Erkennenlassen systematischen Denkens und Handelns

- Arbeitsorganisation:
  Überblick verschaffen
- Entscheidungsfähigkeit:
  Suchen/Verwerten von allen verfügbaren Informationen
  Entwicklung und Beurteilung von Alternativvorschlägen
  angemessene Entscheidungsfreudigkeit/kein Abschieben
  Reflexion der Entscheidungskonsequenzen
- Planung und Kontrolle:
  Arbeitsziele setzen

3. Das erkennbare Aktivitätspotenzial

- Führungspotenzial/-motivation:
  Initiativen zur Strukturierung/Koordination sozialer Prozesse
- Arbeitsantrieb/-motivation:
  Schnelle Erledigung anstehender Arbeiten/Probleme
- Selbstständigkeit:
  erkennbares Bemühen um Optimierung eigener Arbeitsergebnisse

- Selbstwertgefühl:
  positiv und erfolgsorientiert
  angemessene Selbstsicherheit
  Durchhaltevermögen auch bei Rückschlägen
- Durchsetzungsvermögen:
  Zielstrebigkeit
  Durchsetzungsbeharrlichkeit

4. Die Ausdrucksmöglichkeiten
- Flexibilität:
  rhetorische Fähigkeiten/Argumentationstechnik
- Überzeugungskraft:
  Vorschläge/Ziele/Methoden werden von anderen übernommen
  Argumentation erzeugt bei anderen keinen Widerstand
  Flexibilität in Ausdruck/Argumentation
  Führungsrolle wird anerkannt

Kurz: Die soziale Kompetenz ist der Schlüsselbegriff, um den sich alles dreht. Gefragt sind im Wesentlichen Kontaktfähigkeit, Einfühlungsvermögen und Verhandlungsgeschick, gepaart mit einer Mischung aus Überzeugungskraft und Durchsetzungsvermögen. Wie geschickt sind Sie im verbalen Umgang mit anderen Menschen? Wie gut können Sie sich in Ihr Gegenüber einfühlen? Sind Sie in der Lage, Verhaltenshintergründe zu erhellen und gemeinsame Lösungswege zu erarbeiten? Mit diesen Fragen entscheiden die AC-Beobachter darüber, ob AC-Kandidaten Plus- oder Minuspunkte sammeln. Erfolgreich schneidet ab, wer die folgenden Grundregeln der Gesprächsführung beherrscht:

1. aktives Zuhören
2. konkrete, klare Aussagen zum eigenen Standpunkt machen
3. Motive und Ziele der eigenen Argumentation verdeutlichen

Beim Rollenspiel kommt es nicht auf Härte, sondern auf Einfühlungsvermögen an, bei gleichzeitiger konsequenter Verfolgung des eigenen Gesprächsziels. Und dieses ist deutlich gefärbt durch die Interessen des Unternehmens, die Sie im Rollengespräch zu vertreten haben.

 **wie (Selbst-)Präsentation**

Das Selbst haben wir in Klammern gesetzt. Denn diese AC-Aufgabe kann sich auf zweierlei Weise darstellen. Einmal – und das ist für Sie als angehender Azubi wohl am wahrscheinlichsten – werden Sie gebeten, sich selbst vorzustellen und sich den anderen Anwesenden zu präsentieren. Entweder ganz frei, so dass Sie selbst entscheiden können, wie Sie was über sich erzählen wollen, oder mit möglichen Vorgabe wie »Stellen Sie uns Ihre drei größten Stärken und Schwächen vor, die wichtigsten Stationen in Ihrem Lebenslauf« oder »Beschreiben Sie Ihren Lieblingsurlaubsort«.

Die andere Variante dieser AC-Übung ist eine reine Präsentationsaufgabe. Es geht nicht darum, sich selbst vorzustellen, sondern beispielsweise einen Vortrag über ein vorgegebenes Thema zu halten oder die wichtigsten Thesen aus Aufsätzen, die man Ihnen vorher gab, zu präsentieren. Möglich ist auch, dass man Sie bittet, die Rolle eines Radiomoderators zu übernehmen.

Egal, um welche Art der Präsentation es sich handelt: Erklärtes Ziel ist es, ein Thema in der Kürze der Zeit inhaltlich zu erfassen und es geschickt in einem mündlichen Vortrag den Zuhörern zu vermitteln. Dabei geht es in der Regel um Standpunkte, die zu vertreten sind, oder um Überzeugungsarbeit, die von Ihnen geleistet werden muss. Schließlich gilt es, die anderen davon zu überzeugen, dass sie es mit einer interessanten, sympathischen Persönlichkeit zu tun haben!

Dieses AC-Spiel kann aus dem Stand von Ihnen verlangt werden – mit nur kurzer Vorbereitungszeit von 5 bis 10 Minuten oder aber auch mit abendlichem, mehrstündigem Aktenstudium. Für Sie als angehenden Azubi wird die erste Variante die üblichere sein. Das heißt, Sie werden gebeten, sich selbst den anderen Bewerbern und den Beobachtern vorzustellen – wie es folgende Bewerberin erlebt hat:

»...Im Laufe des Nachmittags waren drei Aufgaben zu lösen: Die erste bestand in der Präsentation, die allerdings nicht wie allgemein üblich ablaufen sollte (Ich heiße ..., meine Hobbys sind ...), sondern jeder Bewerber wurde aufgefordert, sich mit drei Städten zu charakterisieren. So z.B. dem Ort, an dem man geboren war, wo man jetzt wohnt und dem bevorzugten Urlaubsort. Die ausgewählten Städte sollten dann am Flipchart mit einem Kreuz gekennzeichnet werden. Ein Problem ergab sich natürlich für all die Bewerber, die noch nie in ihrem Leben umgezogen waren und ein Leben lang in der gleichen Stadt wohnten. Allerdings kam es bei dieser Übung anscheinend nicht so sehr auf den Wahrheitsgehalt an, sondern mehr darauf, wie man sich präsentiert. Peinlich werden konnte es bei dieser Übung, wenn man geografisch nicht ganz so sattelfest war und seine drei Städte im Verhältnis zu den anderen schon eingemalten Orten am Flipchart nicht so genau lokalisieren konnte …«

Die Beobachter konzentrieren sich bei Ihrer Präsentation zunächst auf das »Wie« Ihres Vortrags und nehmen die inhaltliche Beurteilung erst später vor. Im Folgenden eine Aufstellung der Anforderungsmerkmale, die Ihnen Pluspunkte bringen.

Anforderungen bei der Selbstpräsentation

1. Die Erfassung und Steuerung sozialer Prozesse
- Einfühlungsvermögen:
  Erkennen/Berücksichtigung von Bedürfnissen der Zuhörer
- Kooperationsfähigkeit
  Aufgreifen und Weiterführung vorhandener Meinungen/Ideen

2. Das Erkennenlassen systematischen Denkens und Handelns
- analytisches und abstraktes Denken:
  didaktisch sinnvoller und logischer Aufbau des Vortrages
  Strukturierungsfähigkeit
- Arbeitsorganisation:
  Einhalten von Zeitvorgaben
  Belastbarkeit
  Stressresistenz
- Entscheidungsfähigkeit:
  Entwicklung und Beurteilung von Alternativkonzepten
  Reflexion von Entscheidungskonsequenzen
- Planung/Kontrolle:
  Formulierung von Zielvorstellungen

3. Das erkennbare Aktivitätspotenzial

- Selbstwertgefühl:
  Ausstrahlung von positivem Denken und Erfolgsorientierung
  angemessene Selbstsicherheit
- Kreativität:
  Einfallsreichtum
- Durchsetzungsvermögen:
  Erzielen von Aufmerksamkeit/Konzentration
  Zielstrebigkeit

4. Die Ausdrucksmöglichkeiten

- mündliche Formulierungsfähigkeiten:
  flüssige/unmissverständliche Ausdrucksfähigkeit
  akustische Verständigung
- Überzeugungskraft:
  Plausibilität von Vorschlägen/Methoden/Zielen
  Argumentation erzeugt keinen Widerstand
- Flexibilität:
  Verwendung von plastischen Vergleichen/Bildern
  Variabilität der Ausdrucksmöglichkeiten
  didaktischer Einsatz von optischen Hilfsmitteln

Bei der Präsentation – und das versteht sich von selbst – geht es natürlich weniger um das zwischenmenschliche Verhalten, sondern mehr um Sprachgestaltung, Form, Ausdruck, Klarheit und Sicherheit, Ausstrahlung, Überzeugungskraft und erst an letzter Stelle um Sachkompetenz. Das gilt vor allem für willkürliche, mit dem Ausbildungsplatz kaum in Bezug zu setzende Ein-Wort-Themen wie »Der Glaube« oder Allerweltsthemen wie »Tempolimit pro/kontra«.

So gelingt Ihr Vortrag

Wenn Ihnen Lesematerial gegeben wird, aus dem Sie einen Vortrag basteln sollen, dann helfen Ihnen die folgenden Bearbeitungstipps weiter: Notieren Sie zunächst alles – ruhig ungeordnet, aber weiträumig untereinander –, was Ihnen zu dem vorgegebenen Thema einfällt.

Hilfreich sind Fragestellungen wie:
- Welchen Kernbegriff (keyword) enthält das Thema?
- Welche weiteren Begriffe stecken im Thema?
- Welche anderen Begriffe/Stichworte werden assoziiert?
  (Das können sein: vergleichbare, ähnliche, gegensätzliche, Ober-/Unter-
  begriffe zum Kernbegriff)

Auch die bekannten W-Fragen (Wer, wie, was, wann, wo, warum?) können dazu
einen wichtigen Beitrag leisten:
- Was heißt ...? Was ist ...? Was bedeutet (für mich/den Einzelnen/
  die Gesellschaft) ...?
- Wer ist mit ... befasst?
- Welche Arten von ... gibt es?
- Wann geschieht ...?
- Wo geschieht ...?
- Warum ...?
- Welche Ursache ...? Welchen Zweck ...? Welche Folgen, Vor-/Nachteile,
  Gefahren...?
- Wem nützt/schadet ...?
- Wozu dient ...?

Versetzen Sie sich gedanklich doch einmal in andere Personen (Freunde, Mit-
schüler, Lehrer, Eltern, Geschwister). Wie würden die argumentieren?
   Ordnen Sie die so gewonnenen Stichworte nach Zusammengehörigkeit und
nach Einordnungsmöglichkeit in die Gliederungsabschnitte
- Einleitung
- Hauptteil
- Schluss

Für Problemstellungen, die eine Pro/Kontra-Erörterung verlangen, bewährt
sich folgende Gliederung des Hauptteils:
- These (Argumente für ...)
- Antithese (Gegenargumente ...)
- Synthese (Lösung, Entscheidung)

Haben Sie es in Ihrem Vortrag mit einem berufstypischen Fachproblem zu tun, bietet sich eine Gliederung des problemlösungsorientierten Kurzvortrages durch folgende Fragen an:

- Worin besteht das Problem?
- Wie ist bisher damit verfahren worden?
- Welche Lösungsansätze sind praktikabel, welche nicht?
- Wie sieht meine Empfehlung aus?

Die vorgegebene Zeit für Ihren Vortrag sollten Sie unbedingt einhalten. Leider oder auch Gott sei Dank sind die 5 oder 10 Minuten Vortragszeit schneller vorbei, als der unter Prüfungsstress stehende Kandidat sich vorstellen kann. Wenn Sie mit dem Vortrag aufhören müssen, weil die Zeit abgelaufen ist, und wichtige Ihrer vorbereiteten Argumente ungesagt bleiben, haben Sie diese AC-Prüfung in den Sand gesetzt. Also: Verzichten Sie lieber auf ein paar zusätzliche, aber schwächere Argumente, und lassen Sie genügend Raum für die wirklich guten.

Der Anfang Ihres Vortrags ist von besonderer Bedeutung. Denn der Einstieg entscheidet oft darüber, ob man Zuhörer für ein Thema interessieren kann, ob sie »dranbleiben« oder nicht. Deshalb sollten Sie sich für den Anfang Ihres Vortrags einen markanten Aufhänger überlegen, wie die knallige Headline, die spannende Einleitung, die interessante Frage, die witzige Anekdote. Machen Sie Ihre Zuhörer neugierig auf das, was nun folgt.

Beleuchten Sie das Thema von verschiedenen Seiten und Standpunkten. Sparen Sie nicht mit sprachlichen Bildern, Vergleichen usw. Greifen Sie auch bei dieser Übung zu didaktischen Hilfsmitteln (Flipchart, Overheadprojektor, Tafel usw.). Zögern Sie nicht, einen Kernbegriff an die Tafel zu schreiben, um die Bedeutung zu unterstreichen. Zusammenhänge, die Sie durch Pfeile, Kreise oder andere Symbole vor den Augen der Zuschauer verdeutlichen, werden klarer — eine Methode, die fast immer sehr gut ankommt.

Geben Sie Ihren Zuhörern etwas zu denken, beteiligen Sie sie an Ihrem Thema und beziehen Sie sie mit ein (etwa durch Fragen). Fassen Sie die wichtigsten Aspekte des Themas kurz und prägnant zusammen, und kommen Sie zum Schluss, der ähnlich gestrickt sein sollte wie der Anfang — gut unterhaltend.

Es ist äußerst wichtig, dass es Ihnen gelingt, die Zuhörer zu fesseln. Eine Prise Humor, ein Zitat oder eine angemessene Provokation bringt Ihnen dabei Pluspunkte. Wenn Sie langweilen, darüber hinaus noch nuscheln und die eine

Hand verlegen vor den Mund halten, mit der anderen nervös durchs Haar fahren, so wirkt sich das negativ für Sie aus. Das kann selbst ein inhaltlich brillanter Vortrag nicht wieder ausgleichen (vgl. K wie Körpersprache, S. 32). Ein positiver Eindruck wird auch dadurch verstärkt, dass Sie von Anfang an Blickkontakt halten und diesen möglichst ausgewogen auf alle Zuhörer verteilen, insbesondere auf die AC-Beobachter. Sprechen Sie eher etwas langsamer als aufgeregt-schnell und nutzen Sie die Kunst der effektvoll inszenierten Pause.

Ihren Vortrag beenden Sie bitte nicht mit: »So, das war's.« Viel besser: »Ich danke Ihnen« oder einfach »Danke schön«.

wie Test, Test, Test

Beim Assessment Center bekommen Sie es mit einem ganzen Bündel von Einzelaufgaben zu tun. Sehr gerne setzen die Veranstalter psychologische Testverfahren ein. Dazu gehören neben Intelligenztests und Leistungs-/Konzentrationstests vor allem Persönlichkeitstests, die wir alle im Folgenden vorstellen werden. Zunächst jedoch eine Übersicht über die gängigsten Testverfahren – systematisch nach Anforderungen und Aufgabentypen:

---

1. Allgemeine intellektuelle Fähigkeiten

1.1   Allgemeinwissen

1.2   Spezielle berufsbezogene (Vor-)Kenntnisse

1.3   Logisches Denken/Abstraktionsfähigkeit

1.4   Merkfähigkeit/Kurzzeitgedächtnis

1.5   Gestaltwahrnehmung

2. Spezielle intellektuelle Fähigkeiten

2.1   Sprachbeherrschung/verbale Intelligenz

2.1.1   Wort- und Sprachverständnis

2.1.2   Rechtschreibung

2.1.3   Schriftliche Ausdrucksfähigkeit (Aufsatz)

2.1.4   Mündliche Ausdrucksfähigkeit

2.1.4.1 Vorstellungsgespräch

2.1.4.2 Gruppendiskussion

2.1.4.3 (Kurz-)Vortrag

2.2.   Praktisch-technische Intelligenz

2.2.1   Rechenfähigkeit/mathematisches Denken

2.2.2   Technisches Verständnis

2.3.   Räumliches Vorstellungsvermögen

3. Arbeitsverhalten

3.1   Konzentrationsvermögen/Ausdauer/Belastbarkeit

3.2   Ordnung und Sorgfalt

3.3   Arbeitsorganisation

4. Persönlichkeitsmerkmale

4.1.   Leistungsbereitschaft

4.2.   Kontaktfähigkeit

4.3.   Anpassungsfähigkeit

4.4.   Emotionale Stabilität

wie Testfeld Persönlichkeit

Passt dieser Bewerber zu uns? Fügt er sich möglichst reibungslos in das vorhandene Arbeitsteam ein? Ist er ein einsatzbereiter, leicht zu führender, gut funktionierender potenzieller Mitarbeiter oder in Ihrem Fall zunächst einmal Auszubildender? Das sind die wesentlichen Fragen, die einen Arbeitgeber interessieren, wenn er neue Mitarbeiter einstellt. Antworten darauf erhoffen sich immer mehr Chefs durch den Einsatz von Persönlichkeitstests.

So glauben Unternehmen, einen maximalen Einblick in die Psyche des Bewerbers zu bekommen, in seine allgemeinen Verhaltensweisen, insbesondere aber in seine möglichen Reaktionsweisen bei bestimmten Situationen (z.B. Konflikten). Ergründet werden sollen die Charaktereigenschaften, die Wesenszüge und die Persönlichkeit des Bewerbers. Sie spielen bei der Personalentscheidung eine zentrale Rolle.

Die Frage ist nur: Was ist eigentlich Persönlichkeit und/oder Charakter? Die Psychologie ist sich hier ebenso wie beim Intelligenzbegriff herzlich uneinig. Es existieren etliche, zum Teil widersprüchliche Persönlichkeitsmodelle und -theorien, die sich diesem Spezialgebiet widmen. Nicht nur aus diesem Grund sind unserer Meinung nach derlei Tests äußerst fragwürdig. Wir halten den absoluten Anspruch des Arbeitgebers, genau wissen zu wollen, um welche Bewerberpersönlichkeit es sich handelt, vor allem für eine rechtswidrige Ausnutzung eines Abhängigkeitsverhältnisses und eine Verletzung von grundlegenden Persönlichkeitsrechten (siehe auch Kritik, S. 85).

Im Wesentlichen geht es bei dieser Art von Tests um drei Persönlichkeitsmerkmale, aufgrund deren man glaubt entscheiden zu können, ob Sie der richtige Azubi-Bewerber sind:

1. Emotionale Stabilität

Man unterliegt nicht grundlos Stimmungsschwankungen,

wird nicht von diffusen Ängsten und Sorgen gequält,

kennt keine Schuldgefühle,

neigt nicht zum Perfektionismus,

ist nicht launenhaft,

ist nur sehr selten krank,

hat keine Schwierigkeiten, sich auf seine Arbeit zu konzentrieren,

kennt keine Tagträumereien,

man ist mit seinem Leben zufrieden und würde sich ein neues Leben genau so wünschen und vorstellen,

man leidet nicht unter Platzangst,

plant seine Arbeit und geht ihr zügig nach,

fühlt sich selten schlecht oder elend,

ist gewöhnlich nicht nervös, sondern ausgeglichen,

ist nach dem Aufwachen frühmorgens frisch und munter,

leidet nicht unter Schlafstörungen und kann auch gut einschlafen,

ist nicht wetterfühlig,

man lässt sich durch Unordnung nicht stören,

leidet nicht unter Kopfschmerzen, Migräne oder Schwindelanfällen,

sorgt sich nur wenig um die eigene Gesundheit,

hat als Kind auch schon mal etwas gegen den Willen der Eltern getan,

fühlt sich den Anforderungen des Lebens gut gewachsen,

zeigt Toleranz,

hat Selbstvertrauen und kennt keine Minderwertigkeitsgefühle,

handelt nicht impulsiv,

neigt nicht zu Grübeleien,

ist eher offen,

kennt keine ständig wiederkehrenden unnützen Gedanken,

man fühlt sich nicht unverstanden, verkannt oder im Stich gelassen,

leidet nicht unter Appetitlosigkeit.

2. Kontaktfähigkeit

Man ist von der Grundstimmung her optimistisch,
fühlt sich zusammen mit vielen Menschen wohl,
man trifft sich gern mit Freunden,
schließt schnell Freundschaften,
verfügt über einen großen Bekannten- und Freundeskreis,
ist aktiv, gesprächig, temperamentvoll, lebhaft,
geht gerne und oft aus,
schätzt sich selbst als erfolgreich ein,
fühlt sich auch in großen Gruppen unbefangen,
ist in der Lage, in Gesellschaften aus sich herauszugehen,
man sucht die Geselligkeit anderer Leute,
ergreift gewöhnlich bei neuen Bekanntschaften die Initiative,
übernimmt in Gruppen gerne eine Führungsposition,
bevorzugt gesellige Freizeitbeschäftigungen,
man lässt sich leichter auf Risiken ein,
bevorzugt Berufe, die einen Kontakt zu anderen Menschen schaffen,
telefoniert lieber, als Briefe zu schreiben,
geht eher auf eine Party, als ein Buch zu lesen,
man schätzt sich als schlagfertig ein
    und hat immer eine passende Antwort parat,
erzählt auch gerne mal einen Witz,
behält selbst in kritischen Situationen ebenso wie bei Problemen
    und Ärger die gute Laune,
man hält es für wichtig, allgemein beliebt zu sein,
empfindet keine Hemmungen beim Sprechen vor größeren Gruppen.

3. Leistungsbereitschaft

»Erst die Arbeit, dann das Vergnügen« ist der Lebensgrundsatz,
man schiebt Arbeiten nicht auf,
lässt begonnene Arbeiten nicht liegen,
man lässt sich bei der Arbeit nur schwer unterbrechen,
arbeitet planvoll, überlegt und organisiert,
man kann sich auf seine Arbeit leicht konzentrieren,
bereitet sich z.B. auf Prüfungen intensiv vor,
man scheut einen Wettkampf nicht,
vergleicht die eigene Leistung und Fähigkeit mit der von anderen,

zeigt Ehrgeiz und verfolgt seine Ziele mit Entschlossenheit,
lässt sich nicht von der Arbeit abhalten,
zeigt sich bemüht, begonnene Arbeiten abzuschließen,
besitzt genug Kraft, um mit eigenen Problemen fertig zu werden,
man möchte gerne eine wichtige oder berühmte Persönlichkeit sein,
selbst in den Ferien denkt man an die Arbeit,
ständig zeigt man sich bemüht, voranzukommen,
und genießt seine Freizeit erst dann, wenn die Arbeit getan ist.

Wir geben Ihnen jetzt einen tieferen Einblick in die gängigen Persönlichkeits-Testverfahren, wie den **Satzergänzungstest**, den **16PF** und **Biografische Fragebögen**. Nicht üblich, aber durchaus möglich ist es, dass Ihnen zwei weitere Verfahren begegnen. Damit Sie für den Fall der Fälle gewappnet sind, möchten wir Ihnen deshalb auch zeigen, was hinter dem sogenannten **MMPI** und einem namenlosen **Motivationstest** steckt.

Der Satzergänzungstest
Dieser Test funktioniert folgendermaßen: Man legt Ihnen Satzanfänge vor und bittet Sie, den unvollständigen Satz nach Ihren Vorstellungen zu beenden:
• Ich wünsche mir …
• Ich fürchte …
• Ich mag es nicht, wenn …

Egal, wie diese Sätze anfangen, es geht darum, Ihnen Gedanken, Statements oder Meinungen zu entlocken, die dann entsprechend interpretiert werden sollen. Dass dieses Verfahren unseriös ist und Sie sich eigentlich weigern sollten, so etwas mitzumachen, ist eine Empfehlung – wenn auch in der Zwangssituation Bewerbung oftmals nicht realisierbar.

Es ist durchaus möglich, dass in diesen Sätzen andere Personen auftauchen:
• Hans fragt sich manchmal, ob …
• Laura liebt es, wenn man …

Dennoch handelt es sich dabei um Sie, und die Vervollständigung des Satzes soll Rückschlüsse auf Ihre Persönlichkeitsstruktur ermöglichen.

Um solche Satzergänzungstests zu bewältigen, gilt die Devise: Halten Sie Ihre Antworten knapp und sozial erwünscht. Bleiben Sie sachlich, vermitteln Sie den Eindruck, dass Sie sich um aufrichtige Antworten bemüht haben, und bewegen Sie sich im sozial unverfänglichen und konfliktfreien Klischee. Hier drei Negativbeispiele, wie Sie es bitte *nicht* machen:

- Ich fürchte … nicht den richtigen Erfolg zu haben.
- Früher war ich … ein bisschen schüchterner als meine Freunde.
- Es ärgert mich besonders, wenn … man mir nicht glaubt.

Diesen Beispielen seien andere, bessere Ergänzungsmöglichkeiten gegenübergestellt:

- Ich fürchte … mich nicht.
- Früher war ich … ein erfolgreicher Torwart unserer Schulmannschaft.
- Es ärgert mich besonders, wenn … andere Menschen abergläubisch sind.

Verdeutlichen Sie sich positive Verhaltensklischees, die man von Ihnen erwarten kann. Machen Sie sich noch einmal klar: Es geht nicht um Wahrheit oder Ihre ungefilterte persönliche Meinung.

Banal wirkende Sätze sind keine Gefahr, sondern eher ein Indiz dafür, dass Sie kein Neurotiker sind. Weitere Beispiele, wie Sie sich geschickt aus der Affäre ziehen:

Beispiel: Ich kann nicht …
Antwort: … klagen.

Beispiel: Wenn ich einen Fehler mache, dann …
Antwort: … bemühe ich mich, ihn zu korrigieren.

Beispiel: Als man mir sagte, das könne ich nicht …
Antwort: … bat ich, es doch einmal versuchen zu dürfen.

Beispiel: Wenn alles misslingt, dann …
Antwort: … suche ich nach der Ursache und beseitige sie.

16 PF – die entscheidenden Persönlichkeitsmerkmale

Auf gerade mal 16 gegensätzliche Persönlichkeitsmerkmale reduziert dieser Persönlichkeitstest den Menschen:

Sachinteresse – Kontaktinteresse

Im Einzelnen verstehen die 16-PF-Testautoren unter Sachinteresse,
* wenn man sich bei gleicher Arbeitszeit und gleichem Lohn eher für den Beruf des Zimmermanns oder Kochs als für den des Kellners entscheiden würde,
* wenn man lieber Chemiker in der Forschung wäre als Geschäftsführer in einem Hotel,
* lieber Mitglied in einem Fotoklub als in einer Diskussionsgruppe.

Kontaktinteresse signalisiert, wer
* mit Leuten redet, damit die sich wohl fühlen,
* lieber Versicherungsagent ist als Landwirt.

Konkretes Denkvermögen – abstraktes Denkvermögen

Abstraktes gegenüber *konkretem Denkvermögen* beweist, wer begreift,
* dass sich Hund zu Knochen wie Kuh zu Gras verhält,
* heiß zu warm wie Berg zu Hügel
* und Flamme zu Hitze wie Rose zu Duft.

Konkret und eher dümmlich ist,
* wer nicht darauf kommt, dass folgende Relation gilt: besser verhält sich zu am schlechtesten wie langsamer zu am schnellsten.

Emotionale Labilität – emotionale Stabilität

Emotionale Stabilität zeichnet sich dadurch aus, dass man
* selbst gesteckte Ziele im Privatleben erreicht,
* bei beruflichen und privaten Entscheidungen nie auf mangelndes Verständnis von Seiten der Familie stößt,
* sich immer den Anforderungen des Lebens gewachsen fühlt,
* nie Sachen macht, die schiefgehen.

Als *emotional labil* gilt,

- wer sich ein Leben wünscht, das geschützter und mit weniger Schwierigkeiten versehen ist,
- wer sein Leben, wenn er es noch einmal zu leben hätte, anders planen würde.

Soziale Anpassung – Dominanzstreben

Eher *Dominanzstreben* und *Selbstbehauptung* zeigt, wer

- in einer fremden Stadt hingeht, wohin es ihm beliebt,
- glaubt, dass es ihm besser als anderen gelingt, Herausforderungen mutig zu begegnen,
- spöttische Bemerkungen macht, wenn andere Leute sie verdient haben.

Sozial angepasst ist jemand,

- der sich in einer Stadt verläuft und dann seinem Begleiter ohne Murren folgt, obwohl er davon überzeugt ist, dass dieser den Weg auch nicht sicher weiß.

Besonnenheit – Begeisterungsvermögen

Begeisterungsfähigkeit zeigt, wer

- öfter als einmal in der Woche ausgeht,
- einen Urlaub wählt, in dem viel unternommen wird, statt sich richtig zu entspannen.

Besonnenheit unterstreicht, wer

- Spaß dabei empfindet, Gäste einzuladen und sie zu unterhalten.

Flexibilität – Pflichtbewusstsein

Wer *Pflichtbewusstsein* demonstrieren will,

- fühlt sich von unordentlichen Menschen abgestoßen und ärgert sich über sie,
- besteht darauf, dass die Moralgesetze befolgt werden.

Flexibilität zeigt, wer

- zu Hause ist und über Zeit verfügt und nichts Bestimmtes macht, außer sich zu entspannen,
- keine starke Abneigung gegen Unordnung empfindet.

Begriffe von A bis Z

Zurückhaltung – Selbstsicherheit

Selbstsicher wirkt, wer

- nicht verlegen reagiert, wenn er plötzlich zum Mittelpunkt der Aufmerksamkeit wird,
- keine Mühe hat, mit Fremden ins Gespräch zu kommen.

Zurückhaltung und *Schüchternheit* zeichnet denjenigen aus, der

- mit Fremden in öffentlichen Verkehrsmitteln nicht leicht ins Gespräch kommt,
- sich Schwierigkeiten vorstellen könnte, wenn er vor fremdem Publikum eine Rede zu halten hat.

Robustheit – Sensibilität

Robustheit ist dadurch charakterisiert, dass

- man im Fernsehen lieber eine nützliche und informative Sendung über neue Erfindungen anschaut als einen bekannten Konzertkünstler,
- man lieber Oberst als Bischof, der für Sensibilität steht, werden möchte.

Sensibel ist, wer

- lieber Kinderbücher schreibt, als elektrische Geräte zu reparieren.

Vertrauen – Misstrauen

Misstrauen zeigt, wer

- nicht gut mit eingebildeten Leuten auskommt, vor allem, wenn sie prahlen,
- die Aufrichtigkeit von Menschen bezweifelt, die freundlicher sind, als man erwarten könnte,
- böse auf jemanden ist, der das in ihn gesetzte Vertrauen enttäuscht.

Vertrauen zeigt, wer

- glaubt, dass niemand es wirklich gern sehen würde, wenn man in Schwierigkeiten gerät,
- sich nichts daraus macht, wenn man heimlich schlecht über ihn redet.

Pragmatismus – Fantasie

Fantasie hat, wer

- gerne bei einer Zeitung Kritiken über Dramen, Konzerte oder Opern schreiben würde,
- sich vorstellen könnte, als Bewährungshelfer mit Haftentlassenen zu arbeiten.

Pragmatismus beweist, wer

- glaubt, dass es für einen Mann wichtiger ist, ein gutes Familieneinkommen zu sichern, als sich Gedanken über den Sinn des Lebens zu machen,
- Freunde mag, die tüchtig sind und praktische Interessen haben, statt sich ernsthafte Gedanken über ihre Lebenseinstellung zu machen,
- Zeitungsberichte über alltägliche Gefahren und Unfälle aufmerksam liest.

Offenheit – Cleverness

Offenheit signalisiert, wer

- lieber mit höflichen Menschen verkehrt als mit ungeschliffenen Personen,
- sich nicht bemüht, über Witze leise zu lachen.

Clever ist, wer

- das Leben eines Tierarztes, der Tiere behandelt und operiert, nicht toll findet,
- Scherze über den Tod nicht okay findet,
- nicht glaubt, mehr Glück als andere Menschen zu haben,
- immer Dinge tun möchte, die ihm Spaß machen.

Selbstvertrauen – Besorgtheit

Durch *Selbstvertrauen* zeichnet sich aus, wer

- sich nicht entmutigt fühlt, auch wenn er von anderen kritisiert wird,
- nicht übergewissenhaft ist und sich keine Gedanken über zurückliegende Handlungen oder Fehler macht.

Besorgtheit dagegen wird bei dem entdeckt, der

- sich fürchtet, etwas falsch gemacht zu haben, wenn er zu seinem Chef oder Lehrer gerufen wird,
- meint, dass seine Freunde ihn nicht so sehr brauchen wie er sie.

Sicherheitsdenken – Veränderungsbereitschaft

Sicherheitsdenken äußert sich in Statements wie

- die Welt braucht mehr beständige und verlässliche Bürger,
- besser einen Arbeitsplatz mit festem und sicherem Gehalt,
- lieber sich auf bewährte Methoden verlassen,
- besser Hausmannskost als ausländische Speisen.

Veränderungsbereitschaft dokumentiert, wer

- auch als Jugendlicher bei seiner Meinung blieb, selbst wenn die anders war als die der Eltern,
- gerne über Möglichkeiten nachdenkt, wie sich die Welt verändern müsste,
- oft Menschen und deren Ansichten widerspricht.

Teamfähigkeit – Einzelgängertum

Teamfähigkeit wird belegt durch

- Freude an gemeinschaftlichen Unternehmungen,
- die Wahl, einen freien Abend gemeinsam mit Freunden bei einem Hobby zu verbringen,
- die Entscheidung, eigene Probleme mit anderen zu besprechen.

Einzelgängertum zeichnet sich dadurch aus, dass man

- lieber etwas alleine aufbaut als mit anderen zusammen,
- lieber alleine Pläne schmiedet,
- lieber und leichter durch das Lesen eines Sachbuchs lernt,
- Bücher unterhaltsamer findet als Menschen.

Spontaneität – Selbstkontrolle

Selbstkontrolle manifestiert sich darin, dass man

- alles plant und die Dinge nicht dem Zufall überlässt,
- beim Ausgehen, Essen und Arbeiten überlegt und systematisch vorgeht,
- es sich zum Prinzip macht, sich nicht ablenken zu lassen oder Einzelheiten nicht zu vergessen.

Zu *Spontaneität* neigt, wer

- beim Ausgehen, Essen, Arbeiten gern von einer Sache zur anderen wechselt.

Ausgeglichenheit – Angespanntheit

Angespannt wirkt, wer

- sich über verhältnismäßig kleine Rückschläge manchmal mehr als notwendig aufregt,
- sich oft zu schnell über andere ärgert.

Ausgeglichenheit zeigt, wer

- vor einem Test oder einer Prüfung gelassen bleiben kann,
- seine Gefühlsäußerung immer genau zu beherrschen weiß,
- sich für weniger reizbar hält als die meisten Menschen.

Weiterhin werden noch fünf Zusatzfaktoren ermittelt:

starke Normorientierung – geringe Normorientierung
große Stresstoleranz – geringe Stresstoleranz
große Autonomie – geringe Autonomie
große Entscheidungsfreudigkeit – geringe Entscheidungsfreudigkeit
starker Kontaktwunsch – geringer Kontaktwunsch

Auch wenn das alles sich sehr kompliziert ausnimmt, so ist es doch gut zu wissen, worauf die Tester hinauswollen …

Biografische Fragebögen

»Wir haben hier noch einige Fragen an Sie. Bitte füllen Sie doch gleich mal unseren Personalfragebogen aus …« Wenn Sie als AC-Kandidat dazu aufgefordert werden, freuen Sie sich bitte nicht zu früh. Das heißt noch lange nicht, dass Sie es geschafft haben. Was aussieht wie die letzten Formalitäten vor dem endgültigen Ausbildungsvertrag, ist nichts anderes als eine weitere Art von Persönlichkeitstest. Neben den persönlichen Daten (Name, Adresse, Alter, Schulabschlüsse, Schuhgröße usw.) werden überwiegend Fragen aus folgenden Bereichen gestellt:

- Ursprungsfamilie (Größe, Ausbildung und Beruf der Eltern)
- Kindheit/Jugend (elterlicher Erziehungsstil, prägende Erfahrungen)
- schulischer Werdegang (geliebte/ungeliebte Fächer, Leistungen, Anpassung an Lehrer/Mitschüler)
- erste, eventuell schon vorhandene Berufserfahrungen

- Freizeitgestaltung/Interessen (Hobbys, soziales Engagement)
- Selbsteinschätzung (besondere Stärken und Schwächen, Gründe für Fehl- und Rückschläge, Entwicklungs- und Verbesserungschancen)
- Lebensziele (berufliche und persönliche Ziele, optimistische/pessimistische Zukunftseinschätzung)

Aber auch Fragen, die Sie angeblich ganz frei beantworten können, etwa in Form eines Kurzaufsatzes, können es in sich haben. Dazu drei Beispiele:
- Welche Menschen bewundern Sie am meisten (bitte Namen nennen)?
- Nennen Sie einige von Ihnen bevorzugte Bücher!
- Welchen Beruf würden Sie wählen, wenn Sie ohne Rücksicht auf Gehalt und Vorbildung frei wählen könnten?

MMPI – bloß nicht den Verstand verlieren

Sollte Ihnen im AC der MMPI vorgelegt werden, ein Persönlichkeitstest, der sich besonders durch seinen Umfang von über 560 Fragen (die Kurzversion hat ca. 200 Fragen!), aber auch durch seine Statements, die zu bejahen oder verneinen sind, auszeichnet, ist Vorsicht angesagt. Sie befinden sich in den Händen skrupelloser Testanwender und sollten daraus Ihre Konsequenzen ziehen.

Fragen wie »Manchmal verlässt meine Seele meinen Körper« und »Wegen meines sexuellen Verhaltens hatte ich niemals Unannehmlichkeiten« oder »Ich habe Angst, den Verstand zu verlieren« gehören zu dem Gruselinventar, mit dem man sich der Persönlichkeit eines Bewerbers nähern möchte. Wir empfehlen Ihnen eine Strafanzeige gegen die Anwender.

Sollten Sie sich dennoch entschließen, Ihre Persönlichkeit auf ...
- Hypochondrie (Wehleidigkeit),
- Depression (Interesselosigkeit, mangelndes Selbstvertrauen),
- Hysterie (u.a. mangelnde Belastbarkeit mit der Neigung, bei psychischen Problemen mit körperlichen Symptomen zu reagieren),
- Paranoia (Verfolgungswahn),
- Psychasthenie (Konzentrationsschwäche, Entscheidungsschwierigkeiten, Zwangshandlungen),
- Schizoidie (Kontaktarmut, bizarre Denkweise),
- Psychopathie (soziale Unangepasstheit),
- Hypomanie (Hektik, Unzuverlässigkeit, Sprunghaftigkeit),

- soziale Introversion (Unsicherheit, Kontaktscheue),
- Maskulinität bzw. Feminität (Abweichung vom Geschlechtsverhalten)

… testen zu lassen, dann überlegen Sie sich gut, wie Sie antworten.

Natürlich kann man keinem empfehlen, sich für einen »verdammten Menschen« oder für einen »Sendboten Gottes« zu halten, beides Fragen aus dem MMPI, die bei dieser Ankreuzung Ihren entsprechenden Geisteszustand dokumentieren.

Ein kleiner Auszug soll demonstrieren, dass dieser Test mit ganz harmlosen Aussagen anfängt, wie:
- Ich lese gerne technische Zeitschriften. (stimmt/stimmt nicht)
- Ich habe einen guten Appetit.
- Morgens wache ich meist früh schon ausgeruht auf.

Dann geht es aber mit obskuren Fragen weiter, wie
- Manchmal bin ich von bösen Geistern besessen.
- Alles trifft so ein, wie die Propheten es in der Bibel vorausgesagt haben.
- Ich glaube, man spioniert mir nach.
- Ich glaube, jemand versucht, mich zu vergiften.
- Ich glaube, dass meine Sünden nicht vergeben werden können.

Dieser Fragebogen ist eine Provokation, und wer Ihnen dieses zumutet, gehört öffentlich angeprangert. Es ist noch nicht lange her, da gab es einen Skandal in Niedersachsen, weil angehende Justizvollzugsbeamte und Hunderte von Häftlingen mit diesem Test untersucht wurden. Der niedersächsische Justizminister hat den Testeinsatz untersagt.

Sind auch eine ganze Reihe von Fragen leicht durchschaubar oder dermaßen abstrus, dass sich eine weitergehende Besprechung erübrigt, so gibt es einige, die speziell im Hinblick auf die Bewerberauswahl interpretiert werden können:
- Ich wäre ein guter Menschenführer, wenn man mir Gelegenheit
  dazu gäbe.
- Ich vertrete eine feste politische Meinung.
- Bei Wahlen stimme ich manchmal für Leute, die ich eigentlich
  zu wenig kenne.
- Ich wäre gern Mitglied in mehreren Vereinen.

Wer hier zustimmt, entwirft angeblich ein Bild über seine Persönlichkeit, das positiv in Richtung Führungsqualität und Dominanzstreben interpretiert wird. Das Gegenteil erzielt man, wenn man

- in der Schule Schwierigkeiten hatte, vor den Klassenkameraden zu sprechen,
- glaubt, nicht das richtige Leben geführt zu haben,
- in der Gesellschaft oft Mühe hat, den richtigen Gesprächsstoff zu finden,
- Konzentrationsschwierigkeiten hat,
- meint, zu wenig Selbstvertrauen zu haben,
- hinterher oft bereut, was man getan hat,
- sich unverstanden fühlt,
- als Kind am meisten eine Frau bewunderte (Mama ...),
- niemandem einen Vorwurf machen möchte, der alles im Leben mitnehmen will.

Durchsetzungsfähigkeit und Selbstsicherheit gehören ebenso zu den geforderten und gewünschten Führungsqualitäten. Wer sich ...

- wünscht, nicht so schüchtern zu sein,
- beklagt, zu wenig Selbstvertrauen zu haben,
- eingesteht, dass er oft dagegen ankämpft, die Schüchternheit nicht zu zeigen,

... bringt sich in die Gefahr, in den Augen der Testdeuter als unsicher, labil und gefügig zu gelten.

Kooperationsbereitschaft und eine positive Einstellung zur sozialen Umwelt deutet man an, indem man Aussagen wie diesen *nicht* zustimmt:

- Ich nehme mich in Acht, wenn Leute freundlicher sind, als ich es erwarte.
- Wenn mir jemand etwas Gutes tut, frage ich mich, welche Hintergründe jemand haben könnte.
- Die meisten Leute schließen Freundschaften, damit ihnen diese Freunde nützlich sein können.
- Die meisten Leute sind nur ehrlich, weil sie Angst vor dem Erwischtwerden haben.

Seien Sie auf der Hut bei allen Fragen, die Schuldgefühle, Unsicherheiten des eigenen Verhaltens, Schüchternheit oder Selbstkritik ansprechen. Hier droht ein Punktverlust, verbunden mit übelster Interpretation Ihres Charakters, wenn Sie arglos antworten, was Ihnen in den Sinn kommt.

Die Lügenfallen dieses Tests sind besonders raffiniert. In mehreren Analyseverfahren beschäftigt man sich mit der Ehrlichkeit des Beantworters. Beim MMPI sorgen dafür die K- und L-Skalen (Korrektur- und Lügenskala). Mit fast 50 Fragen versucht man, dem gewieften Beantworter ein Bein zu stellen.

Aufgepasst bei Formulierungen wie: *manchmal, dann und wann, ab und zu, gelegentlich*. Wer hier alles abstreitet, macht sich verdächtig, nicht die Wahrheit zu sagen. Bei sozial unerwünschtem, jedoch häufig anzutreffendem Verhalten oder umgekehrt bei sozial erwünschtem, aber nur seltenem Verhalten überführt man den lügenden Bewerber. Mit anderen Worten: Um ehrlich zu erscheinen, muss man eingestehen:
- manchmal wütend zu sein,
- ab und zu schlechte Laune zu haben,
- nicht jeden Tag alle Leitartikel der Zeitung zu lesen,
- gelegentlich Arbeiten auf morgen zu verschieben, die heute getan werden müssten.

Zum Abschluss dieses Horrorkapitels der Testerei noch einige abenteuerliche Testaussagen, zu denen der Bewerber Stellung nehmen soll:
- Es ist etwas mit meinen Geschlechtsorganen nicht in Ordnung.
- Manche Tiere machen mich nervös.
- Blut in meinem Urin habe ich nie festgestellt.
- Schiller war meiner Meinung nach bedeutender als Goethe.
- Ich habe Lust, in Afrika Löwen zu jagen.

Auch wenn Ihnen diese Fragen aus dem Test nicht gestellt werden, sondern die etwas gemäßigteren wie …
- Vorträge über ernste Themen höre ich gern,
- ich nehme nie Medikamente ohne ärztliche Verordnung,
- Polizisten sind meiner Meinung nach gewöhnlich ehrliche Menschen,

… so wird die negative Grundstimmung dieses Tests in der Regel gegen Sie verwandt. Diesem Test sollten Sie sich unbedingt verweigern.

Motivationstest

Möglich ist auch, dass Ihnen beim Einstellungstest bunte Bildchen vorgelegt werden, die Sie dann beurteilen sollen. So ist es uns von vielen Teilnehmern bei Einstellungsverfahren von Banken und Versicherungen berichtet worden. Dieser merkwürdige Persönlichkeitstest läuft folgendermaßen ab: Mehrere Dias mit unterschiedlichen grafischen Figuren werden den Kandidaten mit der Frage präsentiert: Welches Bild gefällt Ihnen besser?

In einer zweiten Diaserie werden – dargestellt durch ein Strichmännchen – Vorher/Nachher-Situationen gezeigt: So sieht man beispielsweise ein Männchen, das auf dem einen Bild einen Zaun streicht; auf dem anderen ist zu sehen, wie es den fertig gestrichenen Zaun in stolzer Pose von einem anderen Strichmännchen bewundern lässt.

Oder: Bild A zeigt ein Strichmännchen am Schreibtisch mit vielen Papieren arbeitend und Bild B ein zufriedenes Strichmännchen, das sich nach getaner Arbeit ausruht. Auch hier wird die gleiche Entscheidungsfrage gestellt: Welches Bild gefällt Ihnen besser?

Zugegebenermaßen sind uns die genauen Auswertungskriterien bei dem hier beschriebenen Test unbekannt. Wir können uns aber vorstellen, dass eine Chance, ungeschoren davonzukommen, darin besteht, sich vorsichtig und bedeckt zu halten und weder das eine noch das andere Extrem (also immer nur oder überwiegend die arbeits-, die handlungsorientierten bzw. immer nur die erholungs-, ergebnisorientierten Bilder) anzukreuzen.

Nach unseren Informationen handelt es sich nicht um einen klassischen und wissenschaftlich diskutierten Test. Mit einiger Fantasie kann man sich aber vorstellen, dass es hier um Motivation und Leistungsbereitschaft geht und dass Bewerber, die zu oft im Sinne einer sozial erwünschten Haltung entscheiden (= zu viel arbeitsorientierte Bildchen ankreuzen), sich genauso verdächtig machen wie Bewerber, die ständig ergebnisorientiert von Erfolgen träumen.

wie Tests der Persönlichkeit überstehen

Entscheidend ist zunächst, Persönlichkeitstests als solche zu erkennen. Zweitens ist es wichtig, die eigene Persönlichkeit und die eigenen Charaktermerkmale möglichst gut zu kennen. Drittens ist es unbedingt notwendig, in Erfahrung zu bringen, was die andere Seite (die AC-Beobachter, der Arbeitgeber) für Persönlichkeitsmerkmale erwartet bzw. wünscht. Und viertens muss es einem gelingen – leichter gesagt als getan –, das Übermitteln dieser Merkmale glaubhaft zu gestalten.

Es ist schwer, generelle Empfehlungen für das Bearbeiten von Persönlichkeitstests auszusprechen, aber achten Sie darauf, die Fragen nicht zu extrem in eine Richtung anzukreuzen. Es geht um die richtige Mischung aus folgenden drei Komponenten:

1. Wie stellt sich der Arbeitgeber den idealen Bewerber für diesen Ausbildungsplatz vor?
2. Wie glauben Sie, wirklich zu sein?
3. Ausweichen auf die »Teils-teils«-Position.

Eigentlich sind – aus juristischer Sicht – die hier vorgestellten Persönlichkeitstests ein absolut unzulässiger Eingriff in Ihre per Gesetz geschützte Privatsphäre. Das Bundesarbeitsgericht billigt jedem Bewerber bei unzulässigen Fragen im Bewerbungsverfahren ein Notwehrrecht auf Lüge zu. Sie dürfen also Ihre Fantasie spielen lassen. Es kann hier nicht um die wahrheitsgemäße Beantwortung von unzulässigen, die Persönlichkeits- und Privatsphäre durchbrechenden Fragen gehen.

Entscheidend bleibt die Aufgabe für Sie, sich auf diese verschiedenen Verfahren der Persönlichkeitstests gut vorzubereiten und sich vorher genau zu überlegen, was Sie von sich preisgeben wollen und was nicht.

wie Testfeld Intelligenz

Intelligente Auszubildende – welcher Chef möchte die nicht? AC-Konstrukteure versprechen, mit bestimmten Methoden die Intelligenz von Bewerbern testen zu können. Ob sie dieses Versprechen halten können, ist fraglich. Erschwerend kommt hinzu, dass eine Definition von Intelligenz sehr unterschiedlich ausfallen kann. Assessment-Center-Veranstalter setzen vor allem auf Aufgaben aus dem Anforderungsbereich »Logisches Denken/Abstraktionsfähigkeit«.

Unter logischem Denken wird ein folgerichtiges, schlüssiges, gültiges, »denkrichtiges« Denken verstanden, das zu einleuchtenden, offenkundig und selbstverständlich richtigen Schlussfolgerungen und Aussagen führt. Es ist klar, dass AC-Veranstalter über diese Art zu denken verfügen (möchten) und deshalb auch ihre Kandidaten oftmals bezüglich dieser Qualitäten einer ausführlichen Prüfung unterziehen. Welcher Arbeitgeber hätte schließlich nicht gern zukünftig solche Mitarbeiter? Der Haken: Die Tests halten nicht, was sie versprechen, und so mancher Intelligenztest hat seinen Namen nicht verdient, wie auch folgender Bewerber erfahren musste.

»Nach weiteren Konzentrations- und anderen Aufgaben stand das große Finale auf dem Zeitplan: der einstündige Allgemeinwissenstest, den der ach so lustige kleine Moderator uns als ›Entspannungsübung‹ ankündigte. Selten so gelacht … Wer bei einem solchen Test 95 Prozent Trefferquote erzielen will, der muss nicht nur wissen, dass Ignaz Semmelweis ein Arzt war, sondern auch, dass er das Kindbettfieber besiegte. Ich muss zugeben, dass ich bei vielen Fragen zur deutschen Gegenwartsliteratur – trotz meines Germanistik-Grundstudiums – überfordert war. Ich danke den Testern, dass sie es mühelos geschafft haben, mich von meinem hohen (Bildungs-)Ross zu schubsen. Deren Bildungsideal zugrunde gelegt, verstehe ich mich von nun an als ungebildeten Vollidioten. Danke noch mal dafür.«

Verständlich, dass so manchem Prüfling die Schweißperlen auf der Stirn stehen, wenn er mit Fragen wie den folgenden konfrontiert wird. Oder wüssten Sie's?

»Wie lang ist ein 10-Euro-Schein? Wie groß ist ein sechsjähriges Kind? Oder: Was ist das Wichtigste am Fernseher? Zu wählen hatten wir unter a) der Kontrastregler b) die Antenne c) die Bildröhre d) der Abstellknopf. Aber es kamen auch noch einige andere knifflige Fragen vor, wie z.B.: Welcher Tag war vorgestern, wenn der Tag nach übermorgen zwei Tage vor Samstag liegt?«

Mit Hilfe unterschiedlicher Testaufgabentypen versucht man, sich an Logik- und Abstraktionsfähigkeiten der Getesteten heranzupirschen. Es lassen sich grafische Aufgaben, sprachliche (z.B. Analogien) und Zahlenaufgaben(-reihen) unterscheiden.

Ein Beispiel:

Sie sehen ein Rechteck mit acht Figuren. Welcher der vorgegebenen neun Lösungsvorschläge (rechts, a-i) passt als Einziger in das freie neunte Feld?

1. Beispiel

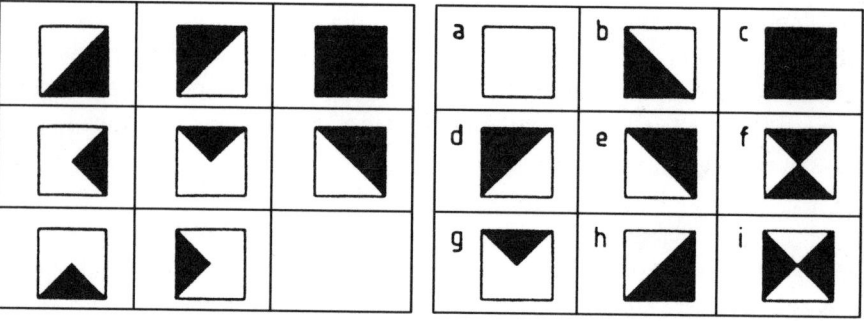

Lösung: b

Die schwarze Fläche der ersten Figur addiert mit der schwarzen Fläche der zweiten Figur ergibt (sozusagen als Summe) die dritte Figur. Dieses Prinzip gilt sowohl in vertikaler wie in horizontaler Richtung – ein wichtiger Hinweis für die generelle Bearbeitung dieses Aufgabentyps.

2. Beispiel

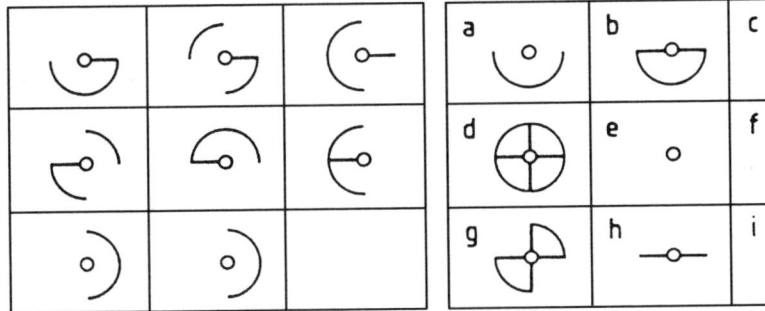

Lösung: e

Hier beherrschen drei Elemente die Szene: der Mittelpunkt, der daran befestigte »Zeiger« und die Kreisteile (am besten in Vierteln eines Zifferblatts vorstellbar, nach dem System 1. Viertel = 12–3, 2. Viertel 3–6 , 3. Viertel 6–9, 4. Viertel 9–12).

Der Mittelpunkt bleibt in allen Figuren erhalten. Leider enthalten auch alle Lösungsvorschläge a–i den Mittelpunkt, so dass die sinnvolle Testbearbeitungsstrategie, nicht in Frage kommende Lösungsvorschläge zu eliminieren (= Ausschlussstrategie), hier (noch) nicht weiterhilft.

Betrachten wir jetzt als zweites Element den »Zeiger«: Er bleibt in der ersten und in der zweiten Zeile jeweils in gleicher, unveränderter Position. In der dritten Zeile gibt es ihn nicht mehr. Wir schließen daraus, dass die Lösungsfigur entsprechend der dritten Zeile keinen Zeiger haben darf. Insofern hilft die Ausschlussstrategie jetzt weiter: Die Lösungsvorschläge b, d, f, g, h und i fallen weg (als Lösungen bleiben nur noch a, c und e übrig).

Nun kommen wir zur Betrachtung des dritten Elements, der Kreisteile (Viertelkreise). Doppelt (d.h. sowohl in der ersten wie in der zweiten Figur/= Zeichnung, Kästchen) enthaltene Kreisteile fallen in der dritten Figur weg, einmal vorhandene bleiben.

Am Beispiel der ersten Zeile: Der Viertelkreis 3–6 ist in der zweiten Figur ebenfalls enthalten und in der dritten nicht mehr. Der Viertelkreis 6–9 in der ersten Figur ist in der zweiten Figur nicht vorhanden, aber in der dritten. Der Viertelkreis 9–12 wird in der ersten Figur nicht verwendet, aber in der zweiten und bleibt deshalb auch in der dritten.

Nach dem gleichen Prinzip ist auch die zweite Zeile aufgebaut.

In der dritten Zeile gilt die Regel, dass der Kreis 12–6 (zwei zusammengesetzte Kreisviertel) in den ersten beiden Figuren (= Zeichnung, Kästchen) vorhanden ist und deshalb in der dritten wegfallen muss. Also bleibt als Lösung unter Berücksichtigung der Elemente Mittelpunkt und Zeiger nur die Lösung e übrig.

Die aufgeführten »Gesetzmäßigkeiten« gelten auch für die Aufgabenbearbeitung in vertikaler Richtung.

Beispielaufgaben

1. Für die folgenden acht Aufgaben haben Sie 15 Minuten Zeit.*

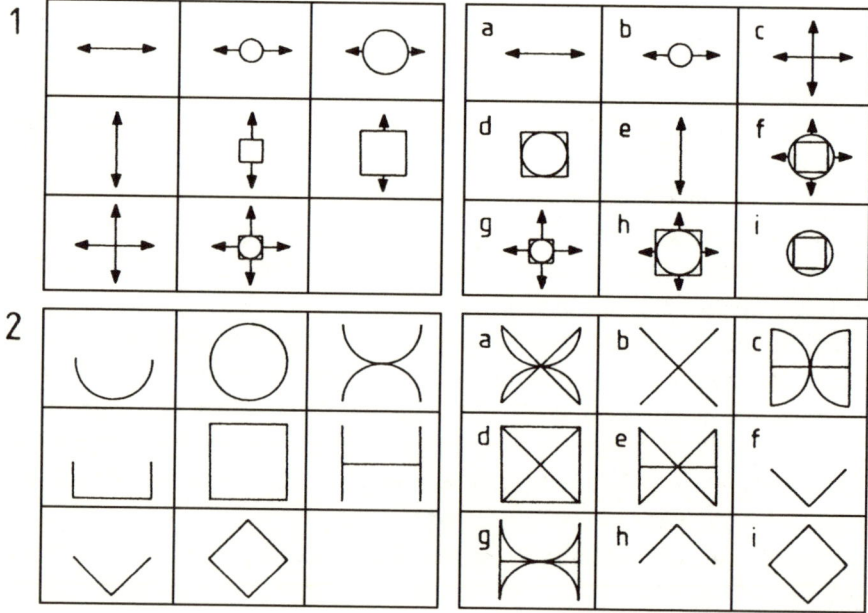

* Lösungen s. S. 81

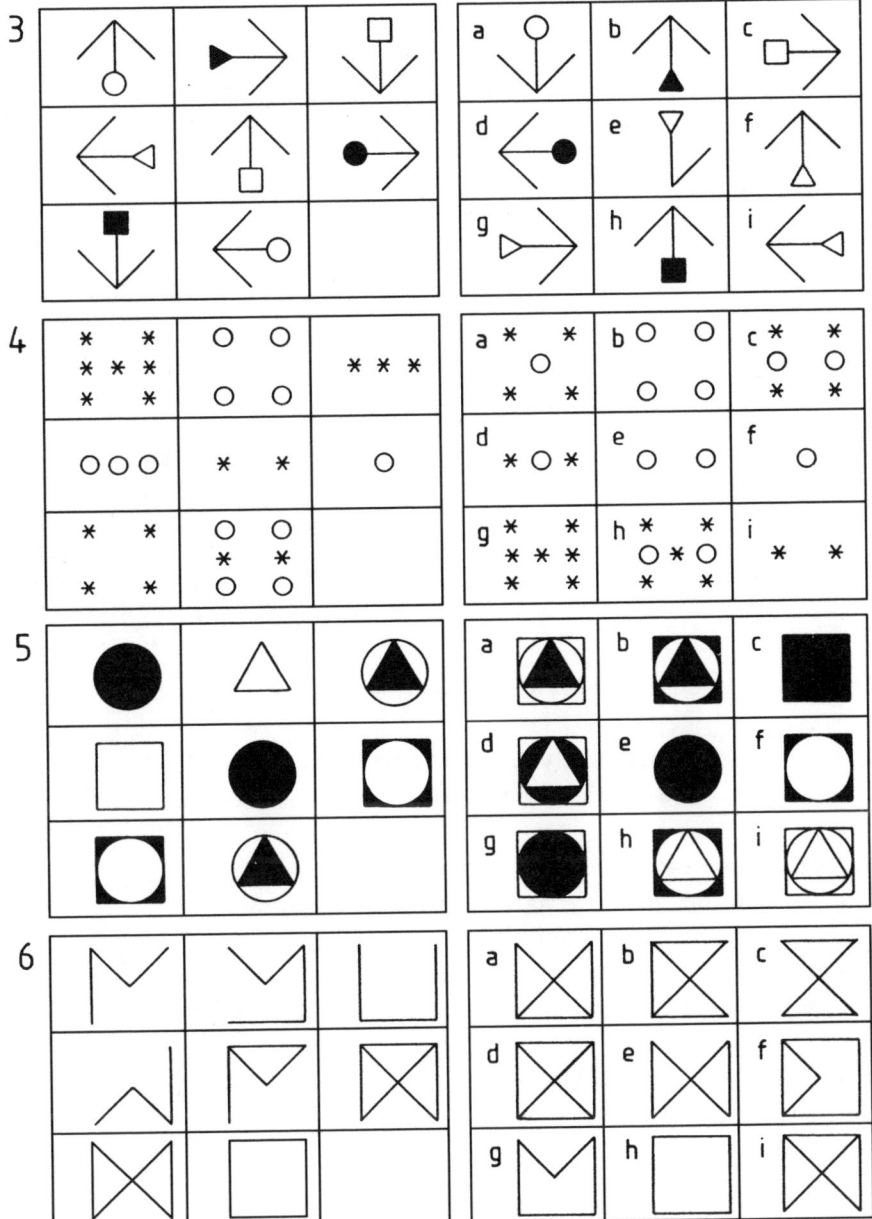

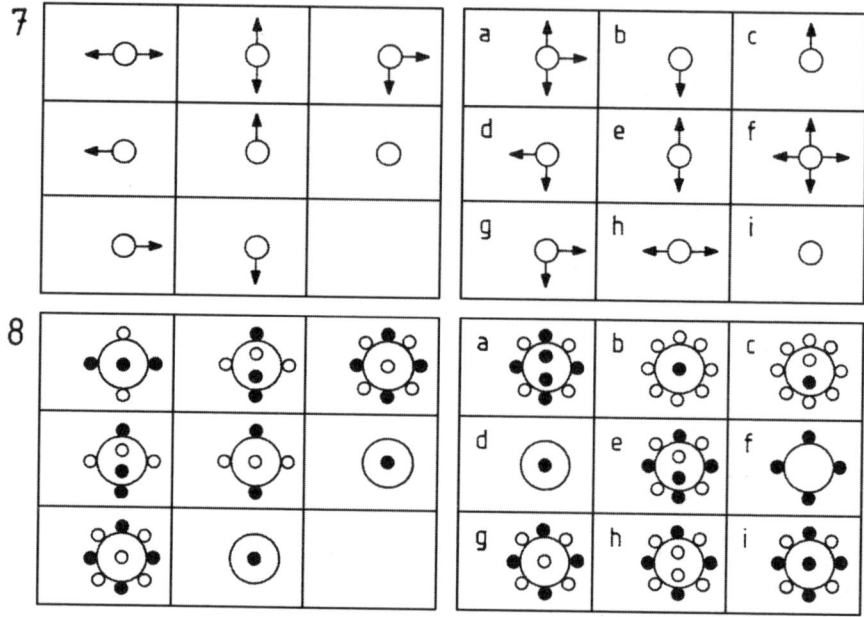

Wie lautet das fehlende Wort bei den folgenden Wortgleichungen?

2. Muster verhält sich zu Entwurf wie Maschine zu ...?...
   a) Antrieb   b) kaputt   c) Räder   d) Arbeit   e) Konstruktion

3. Leder verhält sich zu Eisen wie zäh zu ...?...
   a) flexibel   b) schwer   c) hart   d) haltbar   e) biegsam

4. Kanal verhält sich zu Fluss wie Park zu ...?...
   a) Anlage   b) Bäume   c) Sträucher   d) Landschaft   e) Rasen

5. Die folgenden Zahlenreihen sind nach bestimmten Regeln aufgebaut.
   Wie lautet die nächste Zahl in der Reihe?
   a) 81 9 18 2 11 ?
   b) 2 5 11 23 47 ?
   c) 18 20 10 14 6 12 6 14 ?

Aber auch Aufgaben wie diese sind zu lösen:

6. Wenn es um die Wurst geht, ist Rambo nicht der schnellste Hund. Waldi und Bonzo sind gleich schnell. Ringo ist schneller als Bonzo, aber doch langsamer als Fiffi. Ricky ist langsamer als Waldi, aber bedeutend schneller als Hektor. Rambo ist schneller als Ricky, und Hektor ist ein guter Futterverwerter. Welcher Hund kriegt die Wurst (am schnellsten)?
keiner, oder: Waldi – Fiffi – Rambo – Bonzo – Hektor – Ringo – Rex (wer ist denn das?)

Jetzt geht es um logisches Denken und Abstraktionsvermögen – die Realität ist außer Kraft gesetzt. Welche Aussage a–d ist logisch richtig?

7. Nur schlechte Menschen betrügen oder stehlen.
Elfriede ist gut.
Also was stimmt? (Im Sinne von logisch richtig!)
a) Elfriede ist ein guter Mensch
b) Elfriede betrügt und stiehlt nicht
c) Elfriede ist nicht schlecht
d) gute Menschen wie Elfriede betrügen oder stehlen nicht
e) schlechte Menschen betrügen

8. Im Winter heizen Telefone nur dienstags.
Jeden Dienstag fällt Schnee.
Was stimmt?
a) wenn Schnee fällt, heizen Telefone
b) jeden Dienstag im Winter heizen Telefone
c) Telefone heizen immer dienstags
d) dienstags im Winter fällt Schnee
e) wenn im Winter dienstags Schnee fällt, heizen Telefone

Lösungen s. S. 81

wie Testfeld Konzentration und Leistung

Kann der Bewerber gut, schnell und konzentriert arbeiten? Das ist die Frage aller Fragen, über die Konzentrations- und Leistungstests Aufschluss geben sollen. Zu schön, um wahr zu sein, wenn man Kandidaten eine Arbeitsaufgabe vorlegen könnte und ihnen beim Lösen – möglichst nicht länger als 30, maximal 60 Minuten – über die Schulter schaut, um daraus zuverlässig vorhersagen zu können, wie sie arbeiten werden.

Dieser Wunsch ist verständlich, aber deshalb nicht weniger unmöglich. Es ist unrealistisch, aus einem Arbeitsproben-Miniausschnitt ganz allgemein Rückschlüsse auf das Lern- und Arbeitsverhalten ziehen zu können. Und dennoch: So leicht lassen sich diese Testaufgaben trotz aller Vorbehalte nicht vom Tisch wischen. Hier geht es um das Konzentrations-Leistungsvermögen, Ihre Ausdauer und Belastbarkeit, um Ihren Sinn für Ordnung und Sorgfalt und um die Fähigkeit, sich die Arbeit gut zu organisieren.

Wir stellen Ihnen hier die gängigsten Verfahren ausführlicher vor und bieten damit eine konkrete Übungsmöglichkeit an. Sehr beliebt ist der folgende Test.

Buchstaben durchstreichen

In den Buchstabenreihen müssen alle ds, die zwei Striche haben, durchgestrichen werden. Dabei geht es um Folgendes:

```
 ll   l
 d  d  d
    l  ll
```

ds, die mehr oder weniger als zwei Striche haben (oben/unten), dürfen nicht durchgestrichen werden, ebensowenig wie alle bs und qs.

Ein kleiner Ausschnitt – Sie haben 2 Minuten Bearbeitungszeit: V

```
d d d d d d d d q d b q d d d d d d d b q d b q d d d d d d d d d
d b d d d d q d q d q d d d d d d b b d b d b q d b q d b d d b q
d b d b d d q q d d d d b d d d d d d d d d b d b d b d q q q
d b d b d b d b d b d q d q d q b d b d d d b d b d b d b q d d
d b d b d b d b d b d b d b d b b b d d d b d b d b d b d b d q d b
d q d q d q d q b d q d q d q d b d q d q d q d d d d b d q d q
d b q d b q d q d q d q d q b b b d b d b d b d b d b d b d b d b
d b d b q d q d q d q d q b d d d d d b d d d d d d d d b q d
```

HH übersehen

Die nachstehenden Aufgaben sind nach folgendem Muster zu lösen: Die obere Zeile wird zuerst ausgerechnet. Das Ergebnis darf nicht aufgeschrieben, sondern muss im Kopf behalten werden. Nun ist die untere Zeile auszurechnen, und auch dieses Ergebnis ist zu merken. Jetzt gilt folgende Regel: Stets ist die kleinere Zahl von der größeren abzuziehen, und nur dieses Ergebnis ist aufzuschreiben. Es dürfen keine Nebenrechnungen oder sonst irgendwelche Notizen gemacht werden.

Beispiel:

2 + 8 − 7
4 + 5 − 2 Ergebnis: 4

Obere Zeile: Ergebnis: 3
Untere Zeile: Ergebnis: 7

7 − 3 = 4 Nur die 4 darf als Lösung hingeschrieben werden.

Für die folgenden zehn Aufgaben haben Sie 2 Minuten Zeit. In der Testrealität erwarten Sie weit über 200 Aufgaben mit etwa 30–45 Minuten Bearbeitungszeit.

A 4 + 5 + 2   0 ✓
   8 − 6 + 9

B 8 − 3 + 7   8 ✗
   9 − 5 + 3

C 2 + 6 + 7   6 ✓
   5 − 3 + 7

D 8 + 4 − 9   3 ✓
   3 + 8 − 5

E 2 + 8 − 7   7 ✓
   6 − 5 + 9

F 8 − 6 + 5   1 ✓
   4 + 9 − 7

G 4 + 8 + 6   12 ✓
   7 − 9 + 8

H 9 − 5 + 7   2 ✓
   4 + 3 + 6

I 4 − 3 + 6   2 ✓
   5 + 7 − 3

J 5 − 2 + 9   6 ✓
   4 + 8 + 6

Nach dieser Rechenoperation fangen Sie mit folgender Variante von vorne an: Ist das Ergebnis der oberen Zeile größer als das Ergebnis der unteren Zeile, müssen Sie jetzt die untere Zeile von der oberen abziehen (wie gehabt). Ist das Ergebnis der oberen Zeile kleiner als das Ergebnis der unteren Zeile, müssen Sie es dazuzählen.

Begriffe von A bis Z

Lösungen

1.1 h/1.2 b/1.3 f/ 1.4 i/1.5 d/1.6 c/1.7 g/1.8 e

2e / 3c / 4d / 5a: Elf Neuntel (System: :9+9:9…) /5b:95 (x2+1…) / 5c:10 (+2-10+4-8+6-6+8-4…) / 6 Fiffi / 7 a-d falsch, Elfriede ist nicht als Mensch defi niert, sie könnte z.B. eine Testsau sein; e: richtig / 8 b,d,e richtig

1. Konzentration: 1.Zeile: 9 d`s /2:8/3:11/4:9/5:12/6:15/7:8/8:14

2. Leistung: A 1. Durchgang: 0 / 2.Durchgang: 22 bzw. 0 /

B: 5;5 / C: 6;6 / D: 3;9 / E: 7;13 / F: 1;1 / G: 12;12 /H: 2;24 / I: 2;16 / J: 6;30

 wie Uebung macht den Meister

Wenn Ihnen jetzt die Haare zu Berge stehen bei der Vorstellung, dass Sie es mit solchen Testverfahren zu tun bekommen, ist das verständlich. Klar haben Sie mit diesen Aufgaben Schwierigkeiten, wenn Sie zum ersten Mal davor sitzen. Trotzdem: Kein Grund zu verzweifeln. Denn erstens geht es Ihnen wie den meisten AC-Kandidaten, die dabei auch ziemlich ins Grübeln kommen. Und zweitens: Sie können solche Übungen trainieren (auch wenn man von Testanwenderseite versucht, Ihnen gerade das auszureden). Üben können Sie mit Hilfe dieses Buches (siehe AC-Übungsprogramm ab S. 111).

Zunächst kommt es auf die richtige Vorbereitung an – dabei geht es einerseits um organisatorische Dinge und andererseits um Ihre Einstellung zum Assessment Center. Genauer bedeutet das:

- Machen Sie Ihr Selbstwertgefühl nicht von diesen Testergebnissen abhängig. Von wissenschaftlicher Seite wird der Ableitung und Vorhersagbarkeit von Testerfolg auf Berufserfolg sogar entschieden widersprochen. Das Testresultat ist kein Gottesurteil und sagt absolut nichts über Ihre Intelligenz, Ihre wirkliche Leistungs- und Konzentrationsfähigkeit und schon gar nichts über Ihren Wert als Mensch und Ihre angebliche (Nicht-)Eignung für eine bestimmte Position aus. Diese Anmerkung gilt übrigens für das gesamte AC-Verfahren.
- Ganz wichtig ist das Sammeln von Informationen über Tests und Auswahlverfahren bei für Sie in Frage kommenden Arbeitgebern. Warum bewerben Sie sich zum Beispiel nicht einfach mal bei einem Unternehmen, bei dem Sie nicht unbedingt die Ausbildung machen möchten – nur unter dem Aspekt, Test- (und Bewerbungs-)Erfahrung zu sammeln? Außerdem hat das Zusam-

mentreffen mit anderen Bewerbern echte Vorteile, man trifft Leidensgenossen und hat Zeit zum ausführlichen Erfahrungsaustausch.

- Nutzen Sie die Zeit der Aufgabenerklärung zu Beginn der Tests: Verdeutlichen Sie sich das Aufgaben- und Lösungsschema, versuchen Sie, sich an ähnliche, bereits gelöste Aufgaben aus Testtrainings-Büchern zu erinnern. Fragen Sie bei Unklarheiten den Testleiter, solange dazu Gelegenheit besteht.
- Arbeiten Sie so schnell wie möglich, mit einem sinnvollen Maß an Sorgfalt.
- Beißen Sie sich nicht an schwierigen Aufgaben fest, Sie verlieren sonst wertvolle Bearbeitungszeit für andere, vielleicht viel leichtere Aufgaben. In der Regel sind Testaufgaben mit steigendem Schwierigkeitsgrad angeordnet.
- Sind verschiedene Antwortmöglichkeiten vorgegeben, wenden Sie bei Zweifeln bezüglich der richtigen Lösung die folgenden Strategien an:
  - Versuchen Sie, falsche Lösungen zu eliminieren, um so die richtige »einzukreisen« (Ausschlussstrategie). Es ist leichter, unter zwei verbleibenden Möglichkeiten auszuwählen als unter mehreren.
  - Raten Sie notfalls lieber eine Lösung, anstatt gar nichts anzukreuzen.
- Stecken Sie nicht gleich den Kopf in den Sand, wenn das erste AC nicht so gelaufen ist, wie Sie es sich vorgestellt haben: Machen Sie bloß nicht Ihr Selbstbewusstsein vom Testergebnis abhängig. Das wäre zu viel der Ehre für derlei dubiose Bewerbungs-Testverfahren. Auch wenn es hart ist – das oberste Bewerbungsgebot lautet: dranbleiben, bis es klappt.

wie Verabschiedung

Nach der letzten Übung werden Sie als AC-Teilnehmer in der Regel nicht gleich nach Hause geschickt, sondern noch zu einem Abschlussgespräch gebeten – sofern Sie vorher nicht schon aussortiert wurden, wie es in manchen Unternehmen durchaus üblich ist. Das Abschlussgespräch soll das Auswahlverfahren abrunden und von Arbeitgeberseite aus eine gute Schlussatmosphäre schaffen. Folgende Fragen werden erfahrungsgemäß gestellt:

- Wie zufrieden sind Sie mit Ihrer Leistung hier?
- Wie haben Sie das AC-Verfahren erlebt?
- Was war in dem AC gut, was schlecht, was sollten wir ändern?
- Wo sehen Sie persönliche Stärken und Schwächen?
- Wie beurteilen Sie Ihre Mitbewerber?

Nach der Befragung gibt es in der Regel eine mehr oder minder ausführliche Einschätzung seitens der AC-Veranstalter und Beobachter, wie man mit den Leistungen der Bewerber zufrieden ist. In der Regel wird darauf geachtet, die Kandidaten in freundlich-moderater Weise zu loben und zu verabschieden.

Auch wenn im Abschlussgespräch bereits signalisiert wird, dass die Würfel gefallen sind – also die Entscheidungen für oder gegen Sie als neuen Azubi getroffen wurden –, geht auch Ihr Verhalten im Abschlussgespräch in die Bewertung ein. Halten Sie deshalb Ihre Rolle durch. Selbst bei einer noch so freundlichen Aufforderung sollten Sie sich bedeckt halten. Sie sitzen immer noch auf dem Präsentierteller und werden genauestens beobachtet. Dies ist nicht der Moment der Entspannung oder gar der Abrechnung!

Zeigen Sie weiter freundliche Aufmerksamkeit für Ihr Gegenüber. Natürlich müssen Sie sich angemessen selbstkritisch einschätzen und selbstverständlich die eine oder andere AC-Übung loben sowie eine mehr oder minder kritische Bemerkung formulieren, damit man sieht, dass Sie auch das können.

Insbesondere bei Fragen zu Ihren AC-Mitbewerbern kommt es auf Ihr diplomatisches Geschick an. Natürlich bewundern Sie die guten Leistungen, die Eloquenz des einen oder anderen, und sollte sich jemand wirklich bis auf die Knochen blamiert haben, so ist dies der Moment, wohlwollendes persönliches Mitgefühl zu demonstrieren. Machen Sie sich bloß nicht lustig, oder äußern Sie sich nicht verächtlich über Ihre Mitstreiter, selbst wenn Sie dazu aufgefordert werden.

Ansonsten gilt: Die Anforderungen für das Abschlussgespräch sind vergleichbar mit den unter »I wie Interview« (S. 27) besprochenen; also Persönlichkeit, Leistungsmotivation, Kompetenz. Falls Ihr Gegenüber mehr spricht als zuhört und Sie kaum zum Zuge kommen, sollten Sie sich nicht wundern. Manchmal nutzen Firmen das Abschlussgespräch zur Imagepflege.

wie Wein oder Wasser – in Pausen Haltung wahren

Hochkarätige Führungskräfte, die an einem AC teilnehmen, werden gar nicht so selten noch zu einem edlen Dinner eingeladen. Nicht aus lauter Nettigkeit und Großzügigkeit, sondern weil man den Bewerber auch in anderer Situation erleben und beobachten will. Sie als angehender Azubi werden wahrscheinlich kaum in die Verlegenheit kommen, zu einem exquisiten Abendessen eingeladen zu werden. Nichtsdestotrotz können selbst Sie damit rechnen, beim Essen

– und sei es nur in der Pause in der firmeneigenen Kantine – unter die Lupe genommen zu werden.

Sie stehen unter Beobachtung, gerade in Situationen, in denen man Sie nicht befragt – wie eben bei einem solchen gemeinsamen Essen. Geprüft werden vor allem Ihre soziale Kompetenz und Ihr allgemeines Kommunikationsvermögen. Deshalb wird sehr genau darauf geachtet, wie Sie sich in einer scheinbar ungezwungenen Umgebung oder Runde verhalten. Wenn Ihnen mittags schon Wein angeboten wird, greifen Sie da zu? Besser, Sie entscheiden sich für ein Wasser, Sie wollen doch einen klaren Kopf behalten. Worüber reden Sie? Haben Sie nur Ihren Lieblingsverein im Kopf, oder interessieren Sie sich für viele unterschiedliche Themen? Wie gehen Sie mit Messer und Gabel um? Entpuppen Sie sich als nörgelnder Mensch, der sich nicht überwinden kann, das Kantinenessen anzurühren, weil er doch Besseres gewöhnt ist? Wie verhalten Sie sich, wenn Sie gekleckert haben?

Wenn Sie in all diesen Fragen unsicher sind, empfehlen wir Ihnen die Lektüre von modernen Benimmbüchern. Ansonsten gilt es, sich vor dem AC auf Fragen nach Hobbys, Lieblingslektüre, -film und tagesaktuellen Dingen vorzubereiten, damit Ihnen der Gesprächsstoff nicht ausgeht. Es geht aber nicht darum, um jeden Preis im Mittelpunkt zu stehen und die anderen gar nicht zu Wort kommen zu lassen. Genauso wichtig ist es natürlich, den anderen aufmerksam zuzuhören.

Seien Sie also gewarnt, wenn sich die AC-Beobachter in der Pause zu Ihnen an den Tisch setzen und Sie auffordern: »Nun mal ganz ehrlich unter uns – wie finden Sie es denn hier wirklich?« Denken Sie dran: In Pausen, auf der gemeinsamen Fahrt in das wunderschön gelegene Ausbildungszentrum, beim Mittagessen oder Abschlussgespräch – was immer Sie zwischen erstem und letztem Kontakt während der AC-Veranstaltung tun oder nicht, kann mit einfließen in die Gesamtbeurteilung Ihrer AC-Leistung.

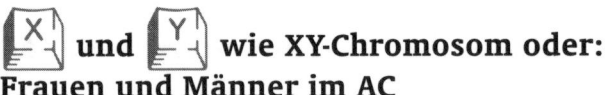 und wie XY-Chromosom oder: Frauen und Männer im AC

Wenn Frauen sich bewerben, läuft noch immer einiges anders. »Sind Sie schwanger?« oder »Planen Sie, Kinder zu bekommen?« – diese Fragen beispielsweise, obwohl eigentlich unzulässig, müssen sich Bewerberinnen immer wieder anhören. Auch im AC sind solche Methoden gegenüber Frauen keine Seltenheit, wie folgende Bewerberin zu berichten weiß …

»Nach eineinhalbstündiger Wartezeit wurde einem Mitstreiter und mir in einem persönlichen Gespräch begründet, warum man uns leider kein Angebot machen könne… Im Nachhinein fallen mir natürlich viele Gründe ein, warum ich sowieso nicht in diesem Unternehmen hätte anfangen wollen. Die verwendeten Testverfahren, der Altersdurchschnitt der Mitarbeiter und die Tatsache, dass es anscheinend keine Frauen in verantwortlicher Position gibt, lassen auf eine bestimmte Unternehmenskultur schließen, z.B. katapultierte sich eine Teilnehmerin mit ihrer ehrlichen Antwort auf die Frage nach ihrem Kinderwunsch einfach so aus dem Rennen …«

Denken Sie im gesamten Bewerbungsverfahren daran: So wie der Gesetzgeber den Begriff Notwehr kennt, existiert laut Bundesarbeitsgericht der Sachverhalt der Notlüge. Das bedeutet für Sie konkret, dass Sie bestimmte Fragen (z.B. nach privaten Plänen, politischen Einstellungen etc.) nicht wahrheitsgemäß beantworten müssen, wenn davon auszugehen ist, dass von der Antwort die Vergabe des Ausbildungsplatzes abhängen könnte.

Beantworten Sie also eine solche unzulässige Frage falsch, hat dies keinen Einfluss auf die Gültigkeit Ihres Ausbildungsvertrags.

Z wie zum Schluss oder: zwei, drei kritische Worte

»Testverfahren sind, sieht man genau hin, ein zu mächtiger Größe aufgeblasener Schwindel«, so der Psychologieprofessor Günter Rexilius von der Universität Wuppertal.

Wir können ihm da nur zustimmen. ACs halten nicht, was sie versprechen. Beruflichen Erfolg von dem Abschneiden im Testverfahren abzuleiten – diese Hoffnung ist wissenschaftlich nicht haltbar. Hinzu kommt, dass es sich bei den eingesetzten Tests in der Regel um völlig unzureichende, veraltete Verfahren mit höchst fragwürdiger theoretischer Grundlage handelt.

Zudem darf auch eine ganz erhebliche Gefahr gerade für Berufseinsteiger, die von ACs ausgeht, nicht unterschätzt werden: Die pseudo-objektiven Testverfahren mit ihrem scheinbar wissenschaftlichen Charakter erwecken gerade bei jungen Bewerbern schnell den Eindruck, ein Nichtbestehen bedeute, man sei für den Beruf zu dumm.

Fragt sich nur, weshalb die Tests überhaupt eingesetzt werden. Die Testbefürworter argumentieren im Allgemeinen so:

- Die auf Tests basierenden Personalentscheidungen sind gerechter, rationaler und transparenter als solche, die auf Zeugnisse, Gesprächseindrücke oder gar Grafologie zurückgreifen.
- Ein Vorzug von Tests besteht in der direkten Vergleichbarkeit der gezeigten Leistungen. Alle Bewerber haben die gleichen Chancen: Jeder bekommt die gleichen Testaufgaben, alle haben die gleiche Testbearbeitungszeit, und das Testergebnis wird nach dem gleichen Schema ausgewertet. Damit sind Tests objektiver.
- Man kann Schulnoten, Zeugnissen usw. nicht trauen. Außerdem ermöglichen sie keine Aussage über zukünftige Leistungen.
- Tests dienen dazu, dem Arbeitgeber teure Fehlentscheidungen bei der Bewerberauswahl zu ersparen. Sie helfen aber auch dem Bewerber, indem sie ihm ein Feedback darüber geben, ob er für eine bestimmte berufliche Aufgabe geeignet ist oder nicht.

Solche und ähnliche Argumente hört man immer wieder, wenn Testbefürworter den Einsatz dieser Personalauswahlverfahren rechtfertigen. Tests sind also doch ganz prima, oder? Ja, wäre da nicht die andere Seite der Medaille: Testgeschädigte Bewerber klagen über eine häufig erniedrigende und menschenunwürdige Behandlung bei ACs. Da wird von »niederschmetternden Erlebnissen«, vom »Schlag auf den Kopf« und von »höchst nervenaufreibenden, belastenden und geradezu ausweglosen Situationen« berichtet.

Ohne mit der Wimper zu zucken, verwenden Arbeitgeber und Personalchefs Persönlichkeitstests. Da wird ungeniert nach Hemmungen, Schlafstörungen, Ängsten und quälenden Schuldgefühlen gefragt – kurz: juristisch unzulässige Fragen werden bedenkenlos gestellt. Die vorgeschriebene Beschränkung von Test- und Vorstellungsgesprächen auf arbeitsplatzbezogene Fähigkeiten und Leistungsmerkmale wird in der Regel bei weitem überschritten.

Manches, was sich im AC abspielt, hat etwas von peinigenden Ritualen, die an Pubertäts- und Initiationsriten von Naturvölkern erinnern, wo die Aufnahme von Jugendlichen in die Erwachsenenwelt vom Überstehen quälender Prozeduren (z.B. Spießrutenlaufen) abhängig gemacht wird. Die harten Bedingungen bei der Bewerbung zeigen sich nicht nur in der Tatsache, dass für wenige zu besetzende Ausbildungsplätze mehrere hundert Bewerber getestet werden. Mindestens ebenso gnadenlos sind das K.-o.-Verfahren, bei dem man nach einem nicht bestandenen Testteil sofort nach Hause gehen kann, oder die völlige Undurchschaubarkeit der Testsituation sowie besonders der enorme Zeitdruck bei

Begriffe von A bis Z

der Aufgabenbearbeitung, der die Teilnehmer systematisch ängstigen soll. Tests messen deshalb vor allem die Fähigkeit, Angst zu ertragen, nicht aber – wie durch den Anschein wissenschaftlicher Objektivität scheinheilig vorgetäuscht – intellektuelle Leistungen oder gar Berufseignung.

Deshalb erneut unsere Empfehlung an Sie: Machen Sie Ihr Selbstwertgefühl nicht abhängig von dem Abschneiden bei solch fragwürdigen Testverfahren.

Zusammenfassend lässt sich sagen: Die von uns kritisierten Intelligenz-, Konzentrations-, Leistungs- und Eignungstests sind nicht im Entferntesten in der Lage, das zu halten, was sie versprechen. Persönlichkeitstests wiederum können im klinisch-psychologischen Bereich (d.h. in einer Beratungssituation zwischen Psychotherapeut und Patient) einen wertvollen Beitrag leisten und durchaus hilfreich sein. Im beruflichen Feld eingesetzt, stellen sie jedoch eine wirkliche Bedrohung des Arbeitnehmers dar und sind in jeder Hinsicht – psychologisch, moralisch und juristisch – verwerflich.

Wenn einer sich bewirbt, dann kann er was erleben ... Bewerber berichten

Im Folgenden schildern Bewerber, was sie im Personalausleseverfahren erlebt haben. Da derlei Methoden überwiegend bei Banken, Versicherungen und im öffentlichen Dienst angewandt werden, liegt hier auch der Schwerpunkt der Berichte.

Ausbildungsplatz zur Polizeivollzugsbeamtin im gehobenen Dienst (NRW)

Zwei Tage lang wurden wir auf Herz und Nieren geprüft. Es begann mit einem 35-minütigen Intelligenztest, der 80 Fragen aus den Bereichen Mathematik (Dreisatz und Prozent), logischem Denken (Figuren- und Zahlenreihen ergänzen) und Sprachverständnis (Wortanalogien) enthielt.

Nach einer kurzen Pause wurde uns ein Film gezeigt – aber nichts da mit gemütlich glotzen. Wir mussten dazu einen Bericht anfertigen, in dem wir die Ereignisse wiedergaben und dann dazu Stellung nahmen. Dafür hatten wir 40 Minuten Zeit.

Schließlich hatten wir noch ein Diktat zu schreiben. Nach der Mittagspause wurde uns mitgeteilt, wer nach Ansicht der Prüfer den Ansprüchen genügte und weitermachen »durfte«. 23 von 35 Teilnehmern kamen so in die – gong! – zweite Runde. Für die anderen war es das Aus.

Es ging für uns weiter mit zwei Persönlichkeitstests, fünf Tests (!) zur Überprüfung des logischen Denkens (Dominostein- und Figurenreihen ergänzen, Syllogismen, Zahlensymbole und Flussdiagramme) und einem Gedächtnistest (42 Worte aus sechs Geschichten in sechs Minuten auswendig lernen und in sechs Minuten in der richtigen Reihenfolge wieder aufschreiben).

Um 15.30 Uhr hatten wir den ersten Prüfungstag überstanden.

Zweiter Tag: Um 7.30 Uhr füllten wir zuerst Formulare aus, die Aufschluss über persönliche und familiäre Krankheiten geben sollten. Danach ging's zum Onkel Doktor: Zähne zählen, Lungenkapazität vorführen, in die Augen schauen lassen, Blut und Urin einreichen und beweisen, dass das Herz gut pumpt. Erst dann durften die Geprüften und für okay Befundenen in der Hauptuntersuchung prüfen lassen, ob ihre Wirbelsäule in Ordnung ist, Zähne und Lunge keinen Fleck haben und ob die Gelenke und Füße geeignet sind.

Danach waren wir nur noch 16 Bewerber, auf die als nächste Hürde der Sporttest wartete. Die Vorgaben für Frauen lauteten: Medizinballwurf: 5,30 m, Pendellauf 18 m: 18,3 Sekunden, Dreisprung aus dem Stand: 5,50 m und 2000-m-Lauf in 12,3 Minuten. Am Ende blieben 14, also zwei weitere auf der Strecke.

Wer wie ich bestanden hatte, wurde zu einem dritten Testtag, zwei Wochen später, eingeladen.

Wieder ging's zur altbewährten Uhrzeit (7.30 Uhr) los. An diesem Tag dachte ich, dass ich vielleicht doch besser Schauspielerin hätte werden sollen: Es standen drei Rollenspiele und ein Vortrag auf dem Programm. Aus einer Lostrommel zog man sein Glück (oder Unglück) zu politischen, religiösen und gesellschaftlichen Themen, musste das Rollenspiel dann sofort ohne Vorbereitung mit einem Polizeirollenspielpartner beginnen und fünf Minuten durchhalten.

Den Vortrag durfte man zehn Minuten vorbereiten und konnte ihn mit notierten Stichworten vortragen (5 Minuten). Wichtigste Beurteilungskriterien in allen Situationen waren: Inhalt, Argumente, Einfallsreichtum, Durchsetzungsvermögen, Mimik und Gestik und überhaupt Kommunikationsfähigkeit (wie auch immer ein Computer so etwas auswerten mag ...).

Na, was fehlte noch zu allem (Un-)Glück? Das Stressinterview und die Konfrontation mit den Ergebnissen. Wer da keine Nerven wie Drahtseile hatte, mit Provokationen nicht umgehen und sich nicht angemessen ausdrücken konnte, der hatte wirklich schlechte Karten.

Ich will gerechterweise sagen: Bewusst in die Pfanne hauen wollte einen da vielleicht niemand, aber hart war die Testserie allemal. Mir hat der Computer einen Platz ganz oben auf der Warteliste fürs nächste Jahr zugewiesen. Er befand, dass meine Punkte noch nicht ausreichend seien.

Direkteinstieg Kriminalpolizei Berlin – gehobener Dienst

Wir waren 25 Teilnehmer, weder Anreise noch Unterkunft wurden bezahlt. Das AC ist nichts für Morgenmuffel, denn es begann bereits in aller Herrgottsfrühe um 7.30 Uhr. Los ging es mit einem Diktat, das uns zwei-mal vorgelesen wurde. Es war ganz gut zu bewältigen. Dann schloss sich ein I-S-T-Wissenstest* an mit Figurenreihen, Würfeldarstellungen usw. Die dritte Übung bestand aus einem ca. 100 Fragen umfassenden

---

* Der I-S-T (Intelligenz-Struktur-Test), der von Rudolf Amthauer erfunden wurde, soll nicht nur den Gesamtwert für die unterschiedlichen intellektuellen Fähigkeiten angeben, sondern auch zeigen, wo persönliche Stärken und Schwächen liegen. Das Verfahren soll auch darüber Aufschluss geben, ob der Bewerber eher praktisch oder eher theoretisch veranlagt ist.

Test im Bereich Staatsbürgerkunde. Die Fragen waren kurz schriftlich zu beantworten, oder man musste ja/nein ankreuzen. Pro Frage hatte man etwa 18 Sekunden Zeit. Gefragt wurde z.B. nach dem höchsten Gericht, wie viele Einwohner Berlin hat, wo das Bundeskartellamt sitzt, welcher Berg der höchste Deutschlands ist, wer der erste Bundespräsident der BRD war usw.

Dann folgte eine äußerst schwere Aufgabe: Ein komplizierter zwei Seiten langer Wirtschaftstext, der nur zweimal vorgelesen wurde, musste möglichst wortgetreu wiedergegeben werden, wobei es ein Unterstützungspapier mit Leitansätzen gab.

Bewertet wurden Inhalt, Rechtschreibung und Stil.

Nach jeder einzelnen Übung zog sich die Auswahlgruppe zurück, beriet sich und schickte danach die armen Nichtbestandenen nach Hause. Neun Teilnehmer kamen durch.

Nach der Mittagspause mussten wir psychologische Fragen beantworten (ankreuzen/kurze schriftliche Antwort). Es waren 80 Fragen ohne Zeitvorgabe, die angeblich nicht in den Bewertungsblock einfließen.

Dann sollten wir unsere körperliche Fitness unter Beweis stellen. Auf zum Sporttest hieß es für uns. Ein 2000-Meter-Lauf (Richtwert 9,3 Minuten) und ein Hindernisparcours (mit Sprossenwand, Bocksprüngen etc.) waren zu bewältigen. Selbst gute Sportler hatten ihre Probleme dabei. Die hier erlangten Punkte machen 7,5 % des Gesamtergebnisses aus.

Ca. vier Wochen später erfolgte dann der mündliche Prüfungsteil mit sechs Beobachtern. Folgende Übungen, die alle in Gruppen stattfanden, standen jetzt auf der Tagesordnung:

1. Persönliche Vorstellung/Präsentation
   Lebenslauf, warum will man zur Polizei etc.– freies Reden, Zwischenfragen möglich.

2. Gruppendiskussion
   Thema: Ursachen für Jugendkriminalität – freies Reden, die Beobachter halten sich raus.

3. Polizeispezifische Übungen
   Übungen, jeder Fall ist polizeispezifisch, ca. 5 Minuten Zeit, zu jeder Übung gab es zwei Fragen, die man im Kurzvortrag beantworten sollte – auch hier musste man mit Zwischenfragen der Beobachter rechnen. Eine Aufgabe z.B.: Ein Grundschullehrer sieht beim Sport Striemen und Brandwunden auf dem Rücken eines Kindes. Er kennt das Elternhaus, die Mutter ist ruhig, der Vater arbeitslos und trinkt. Das Kind fehlt häufig montags und dienstags.
   1. Frage: Wonach sieht das aus?
   2. Frage: Was ist zu tun?

4. Stellungnahmen zu aktuellen medienrelevanten Themen, z.B.:
   Wehrpflicht für Frauen
   Vor- und Nachteile der Europäischen Union
   Aufbau der BRD, Entstehung von Gesetzen
   Soll sich der Staat in Mietprobleme einmischen und wenn ja, wie?

Nach diesen Übungen zogen sich die Berater zurück. Bei der Urteilsverkündigung machten sie es noch einmal spannend, sie nannten zuerst die Namen derer, die nach Hause gehen konnten, also die Nichtbestandenen.

Nun folgte der Glückwunsch für die Bestandenen und der Hinweis, dass noch Prüfungen mit anderen Bewerbern anstehen und dass wir uns Ende der Woche telefonisch melden könnten.

BKA Wiesbaden – gehobener Dienst

Der BKA-Einstellungsberater gibt telefonisch oder auch im persönlichen Gespräch ganz freundlich Tipps. Demnach müssen Abizeugnis oder FH-Abschluss beiliegen, die Geburtsurkunde eingereicht werden (aber bitte mit Beglaubigung), ein handgeschriebener Lebenslauf verfasst und der Führerschein sowie sämtliche anderen Qualifikationen kopiert und mitgesandt werden. Dann erhält man einen Personalbogen, der ausgefüllt zurückgeschickt werden muss.

Auf in den Testring: Aber Achtung, leicht trifft einen der Schlag in der heißen Phase. Nach dem K.-o.-Prinzip kann man nach jeder der Teilphasen herausfliegen. Wiederholungschance nach einem Jahr – aber dann heißt es, wieder von vorne anfangen, und bringt man's nicht beim zweiten Mal, ist das BKA vom Karrierefahrplan zu streichen.

Beim nun folgenden Ablauf wird nichts dem Zufall überlassen:

Erster Tag:

7.30 Uhr Mit Personalausweis am Eingangstor melden

7.50 Uhr Wir werden abgeholt

8.00 Uhr Reisekostenformular ausfüllen

8.10 Uhr Ankunft des Psychologen, der noch ein paar Helfer mitbringt, nettes Plaudern über das BKA und die folgenden Tests. Wir sitzen übrigens in dem schicken Pressekonferenzzimmer, das alle aus dem Fernsehen kennen …

8.30 Uhr Austeilen von Testheften, Aufschlagen nach Anweisung

1. Intelligenztest: zunächst Beispielaufgaben, dann ca. 1,5 Stunden:
- Wortbedeutungen; z.B. das Synonym zu gut: a) bestens b) schön c) richtig
- Abwickeln: Aus einer Faltvorlage soll die passende Figur herausgesucht werden
- Buchstabenreihen ergänzen; z.B. abacad a) be, b) ae, c) ea
- Lebensläufe lernen, 3 Minuten Zeit
- Schätzaufgaben: 3.456.345 + 3.465.345 = a) 6.845.437 b) 6.921.690 c) 7.000.000
- Wörter bilden: z.B. möglichst viele Wörter, die mit A anfangen und mit E aufhören
- In ein neues Heft die Erinnerung der

Lebensläufe schreiben, die vor Ewigkeiten gelesen wurden

9.40 Uhr 20 Minuten Pause, Unsicherheit, ob's gereicht hat

Weiter:
1. Konzentrationstest mit Subtraktionsaufgaben
2. Persönlichkeitstfragebogen, der angeblich für das Auswahlverfahren keine Anwendung finden wird (wer's glaubt, wird selig). Die Antworten sollen angeblich nur zur Hilfe für den mündlichen Teil des Auswahlgespräschs herhalten.
3. Rechtschreibtest: Multiple choice

11.30 Uhr Ende Teil eins, Entlassung in die Kantine, Herumlaufen verboten
13.00 Uhr Urteilsverkündung, öffentliche Ausmusterung, es sind von 25 noch 16 Teilnehmer übrig. Diese dürfen zum Teil zwei, dem Sporttest: Bei jeder der vier Übungen kann man fünf Punkte erreichen, man benötigt aber nur 12 Punkte, das sagt einem der Trainer jedoch nicht, man tappt also im Dunkeln, während man spurtet.

- Geschicklichkeit: Umrundung einiger Pfosten. Der Trick dabei ist, die vier Innenpfosten immer mit der rechten Schulter zu nehmen (aber ohne sie zu berühren, das gäbe null Punkte) und an den vier Außenpfosten mit der linken Schulter vorbeizulaufen, sonst gibt es Salat. Wer sich verläuft, bekommt ebenfalls null Punkte!
- Sitzklimmzüge: schwierig, weil die Handflächen vom Körper wegzeigen müssen und man sich dennoch zur Stange hochziehen muss.
- 6 Minuten Dauerlauf. Dreierlauf: Achtung, Schnelligkeit!

Ende des Sporttests, alle bestanden, puh! Austeilen einer Broschüre, die wir für den zweiten Testtag lesen sollten. Schlafen, sofern möglich.

Zweiter Tag:
Wir werden abgeholt und zu sechst vor ein Prüfungskomitee geführt. Da sitzen also ein Vorsitzender, zwei Beisitzer und ein Protokollant.

- Gruppendiskussion, 15-20 Minuten: »Sollen Drogen legalisiert werden?«, »Ist die Frau in unserer Gesellschaft benachteiligt?« Beurteilungskriterien sind u.a. Dominanz, Schüchternheit, Strukturiertheit der Äußerungen, wie werden persönliche Erfahrungen eingebracht, kann jemand von sich abstrahieren, kann jemand eine Position vertreten, die nicht der eigenen Meinung entspricht?
- Bekanntgabe der Einzelgesprächstermine
- Einzelgespräche: Man gibt den tabellarischen Lebenslauf wieder, erklärt, warum man zur Polizei bzw. gerade zum BKA will, und glänzt mit tagespolitischem Wissen, Beispielfragen:

- Was macht der Bundestag/Bundesrat?
- Wer wählt den Bundespräsidenten?
- Wer sitzt in der Bundesversammlung?
- Fünf aktuelle internationale und nationale Schlagzeilen nennen
- Etwas aus der Schule, über Lehrer erzählen (Achtung: Persönlichkeitstest!)
- Fragen zum BKA (Broschüre vom Vortag)
- Zuständigkeiten des BKA?
- Wen schützt die Sicherungsgruppe, wo sitzt sie?
- Wer schützt Mitglieder des Bundesrats (Beachten: Konkurrenz von Länder- und Bundespolizei)?
- Wie sollte ein Polizist sein?

Ergebnismitteilung nach kurzer Wartezeit, eventuelle Glückwünsche oder Verabschiedung. Der Rest der Truppe erhält einen Arzttermin bei einem Arbeitsmediziner, denn man muss noch seine polizeiliche Tauglichkeit unter Beweis stellen.

Ich eile also glücklich von dannen, die frohe Kunde meines Erfolgs zu verbreiten und … falle fürchterlich auf die Sch… warum? Nicht, weil ich kein sauberes Führungszeugnis hätte, nein. Ich hatte die Gemeinheiten meines Körpers unterschätzt. Meine Wirbelsäule sei um einen winzigen Grad krummer, als »die Polizei erlaubt«. Pech gehabt!

Bundesgrenzschutz – gehobener Polizeivollzugsdienst (NRW)

Schon seit langer Zeit war es mein Ziel, mich um einen Direkteinstieg in den gehobenen Dienst der Polizei in Nordrhein-Westfalen zu bewerben. Ich dachte darüber nach, wie ich die in solchen Einrichtungen üblichen Testverfahren üben könnte. So kam ich auf die Idee, mich – übungsweise – für den Bundesgrenzschutz zu bewerben, um gute Einblicke zu bekommen. Ich freute mich über die Einladung zu einem sogenannten Eignungsauswahlverfahren, ohne zu wissen, was genau dahinter steckt. Ein wenig mulmig wurde mir dann schon, als ich die ersten Infos erhielt. Der erste Teil des Tests fand in einer Grenzschutzunterkunft bei Bonn statt und hatte folgenden wörtlichen (!) Inhalt:
6.45 Uhr: Feststellung der geistigen Fähig-

keiten mit Hilfe des ›Intelligenz-Struktur-Tests‹ (I-S-T) von R. Amthauer und zusätzlichem Test der Rechenkonzentration.

Wer geistig und konzentrationstechnisch für okay befunden wurde, durfte weitermachen. Jetzt ging's zur grenzschutzärztlichen Untersuchung, wo wir vollkommen durchgecheckt und zu unserer bisherigen Krankengeschichte befragt wurden.

Bei mir war eigentlich alles in Ordnung – bis auf eine winzige Kleinigkeit, die für mich allerdings zum riesengroßen Problem wurde. Der »böse Verdacht«: Mein linkes Bein sei 17 mm kürzer als das rechte. Und so was darf natürlich nicht sein. Das sind genau 2 mm zu viel – 15 mm hätten sie hinnehmen können, aber gleich 17!?

Das war ein Unding – und für mich das Aus. Ich wurde nach Hause geschickt. Mit einem solchen körperlichen Gebrechen bin ich für den Grenzschutz nicht zu gebrauchen, was mich noch nicht so sehr traf. Schließlich war ich ja nur übungsweise zu dem Bundesgrenzschutztest gekommen, um mich auf ähnliche Testverfahren im gehobenen Dienst vorzubereiten. Aber dann der Hammer: Ich wurde wegen der 17 mm für polizeidienstuntauglich erklärt.

Somit hat nun mein Versuch, einen Test kennenzulernen, der dem Verfahren der Landespolizei ähnelt, dazu geführt, dass ich gar keine Chance bekommen sollte, mein eigentliches Ziel in Angriff zu nehmen.

An dieser Stelle müsste die traurige Erfahrung eines Bewerbers mit den Auswahlverfahren enden, wenn er sich nicht doch eines Besseren besonnen hätte:

Nachdem ich mich ein wenig von diesem Rückschlag erholt hatte, habe ich gedacht, dass ich mich so leicht nicht von meinem großen Ziel abbringen lasse. Ich suchte Hilfe bei einem Einstellungsberater der Polizei, der mir den entscheidenden Tipp gab: Gehen Sie zu einem Facharzt und lassen Sie sich noch einmal untersuchen. Gesagt, getan: Ich ließ mich von einem Orthopäden röntgen. Ergebnis: Es gibt eine Beinlängendifferenz (wie übrigens bei vielen Menschen) – aber nur in einer Länge von einem Zentimeter. Mit Hilfe dieses Gutachtens kann ich mich nun doch noch für den gehobenen Dienst bei der Polizei bewerben. Hoffentlich bin ich nicht klüger, als die Polizei erlaubt.

Verwaltungsinspektorenanwärter in Hessen

Mit meinem Erfahrungsbericht möchte ich anderen Bewerbern Mut machen. Ich weiß, dass es in einigen Auswahlverfahren recht haarsträubend zugeht und die Tests wirklich äußerst knifflig und manchmal richtig hinterhältig sind. Aber das muss nicht immer so sein. Ich habe positive Erfahrungen gemacht, als ich den Test der Landesversicherungsanstalt Hessen antrat, wo ich mich für den gehobenen nichttechnischen Verwaltungsdienst beworben habe.

Wir waren 18 Bewerber, die zu einem dreistündigen Test eingeladen waren.

Der Pförtner nahm uns freundlich in Empfang und brachte uns zu dem Testraum. Mit 10-minütiger Verspätung betrat ein netter Herr im Anzug den Raum und stellte sich vor, er verteilte den Test und beantwortete unsere Fragen. Und dann ging's los:

Als Erstes kam ein Lückendiktat auf uns zu. Überschrift: Wie ein Radar arbeitet. Wir sollten nicht nur fehlende Wörter, sondern auch Kommata einfügen. Danach konnten wir uns bei einer Pause von 20 Minuten entspannen und etwas Kraft für den anschließenden Konzentrationstest tanken. In 5 Minuten sollten wir Karteikarten mit 40 Namen und Behördenangaben ordnen.

Anschließend war unser Rechentalent gefordert. Der Mathetest bestand aus Dreisatzaufgaben, Bruchrechnungen, geometrischen und Zinssatzaufgaben, Gleichungen etc.

Dann wurde uns noch einmal eine Pause gegönnt. Im Anschluss war dann unser Allgemeinwissen gefordert: Fragen aus der aktuellen Politik, der deutschen Geschichte, der geografischen Lage der Bundesrepublik waren zu beantworten. Zum Schluss mussten wir eine Textaufgabe lösen, mit der das logische Denken geprüft werden sollte. Dazu hatten wir 30 Minuten Zeit.

Mein Fazit: Der Test ist mit ausreichender Vorbereitung gut zu lösen und stellte für uns Bewerber keine übermäßig große Herausforderung dar.

Gehobener nichttechnischer Verwaltungsdienst/Bezirksregierung

Nachdem ich mich beworben hatte, bekam ich eine Einladung zu einem zweitägigen Test – anbei eine Broschüre, in der auf die Aufgabentypen aufmerksam gemacht wurde, mit denen man als Bewerber zu rechnen hat. Der Haken: Nicht alle Aufgabenarten, die am Prüfungstag drangekommen sind, sind in diesem Heft zu finden. Auch sind die Aufgaben einige Grade schwieriger als die in der mitgesandten Broschüre vorgestellten, und natürlich ist es Quatsch, was da dem Leser suggeriert wird: Testtraining, also Vorbereitung, sei nicht möglich.

Aber der Reihe nach: Am ersten Tag mussten wir schriftlich unsere Eignung unter Beweis stellen, d.h., es gab ein Lückendiktat, wobei es insbesondere auf Groß- und Kleinschreibung und die Schreibweise von Fremdwörtern ankam. Am Nachmittag folgten Konzentrationsaufgaben, gefolgt von einem Allgemeinwissenstest. Etwa 20 Fragen gab es zu folgenden Themen:

1. Staat
2. Politik
3. Geschichte
4. Erdkunde
5. berühmte Persönlichkeiten
6. Wirtschaft
7. Literatur

Da kamen wir schon ganz schön ins Schwitzen – erst recht, weil wir im Unklaren gelassen wurden, wie viel Zeit wir uns für die einzelnen Aufgaben lassen konnten. Der Druck erhöhte sich dadurch ziemlich stark.

Am nächsten Tag ging's dann zur bewährten Zeit, 8.30 Uhr, weiter. Eine halbe Stunde Zeit ließ man uns für das Erstellen eines handschriftlichen Lebenslaufs. Anschließend sollten wir eine Gruppendiskussion führen. Dafür wurden wir in Sechsergruppen geteilt. Drei Themen mussten wir uns vornehmen.
1. Die neue Rechtschreibung
2. Ein Kohl-Zitat (»Haustiere werden in der BRD besser behandelt als Kinder«)

3. Ein eigenes. Wir entschieden uns für eine mögliche Spritpreiserhöhung auf X Euro/Liter.

Hier war engagierte Mitarbeit gefragt – jeder musste einmal die Diskussionsleitung übernehmen oder alternativ eine Zusammenfassung der Ergebnisse vortragen.

Weil wir uns so schön warmgeredet hatten, ging's dann ab auf die Couch – na ja, fast. Wir mussten abwechselnd für etwa 20 Minuten zu einer Psychologin, die mit uns Einzelgespräche führte. Weil immer nur einer drankam, war schon klar: Geduld war angesagt. Die meiste Zeit haben wir an diesem zweiten Tag wartend auf dem Flur verbracht. Die Psychologin ließ uns kurz den Lebenslauf wiedergeben und fragte uns nach dem aktuellen Tagesgeschehen, der Gruppendiskussion. Außerdem wollte sie unsere Haltung zu Themen wie Verantwortung, Führung und Teamfähigkeit wissen. Auch unser Wissensstand über die Ausbildung, spätere Aufgaben und den Behördenaufbau wurden besprochen.

Doch damit nicht genug. Es schloss sich ein weiteres Einzelgespräch an – diesmal mit den Verwaltungsangestellten. Eine Dreiviertelstunde lang ging es genau um die Themen, über die man zuvor mit der Psychologin gesprochen hatte. Außerdem wurden jedem Bewerber bestimmte Fälle, mit denen man als Verwaltungsangestellter zu tun haben kann, geschildert. Wir mussten dann erläutern, wie wir uns verhalten würden.

Mit anderen Worten: Wir wurden hier ganz schön ausgequetscht, erhielten aber über die Behörde keinerlei Informationen. Hinterher fühlten wir uns wie durch die Mangel gedreht, so sehr hatte man versucht, unsere Charakterfestigkeit zu prüfen und Widersprüche in unseren Aussagen zu finden. Eine echte Herausforderung, sich hier nicht verunsichern zu lassen und – zumindest nach außen hin – den Schein zu wahren …

Gehobener nichttechnischer Dienst/Regierungspräsidium Köln

Zuerst stellte sich uns, den etwa 35 Bewerbern, ein echter Spaßvogel von der Deutschen Gesellschaft für Personalwesen (DGP) vor, der uns im Laufe des Tests mit Witzchen unterhalten wollte – nach dem Motto: Im ersten Stock finden Sie das Kasino. Das ist natürlich nicht die Spielhölle (hihihi), sondern die (prust, gicker) Kantine …

In den folgenden achteinhalb Stunden wurde rauf- und runtergetestet, angefangen bei logischem Denken über Rechenkünste bis hin zu Merk- und Konzentrationstests. Wir bekamen es mit Wortverhältnistests zu tun (… verhält sich zu … wie … zu …), mit Schlussfolgerungsübungen der mehr oder weniger sinnvollen Art (Rosa Elefanten gehen zur Schule, können singen und essen Bleistifte). Den größten Wert legte man auf richtiges Schätzen anhand von Additions-, Subtraktions-, Multiplikations- und Divisionsaufgaben mit sechs- bis achtstelligen Zahlen, Brüchen und Dezimalbrüchen sowie Interpretationen von Säulen- und Kuchendiagrammen. Des Weiteren legte man uns Textaufgaben vor, die nur bewältigen konnte, wer sattelfest in Sachen Prozentrechnen war. Konfrontiert wurden wir auch mit einer ganzen Menge von Zahlenmatrizen mit vier senkrechten Zahlenreihen. Neben diesen »Denkaufgaben« (Zitat des DGP-Spaßvogels) wurden die Rechtschreibfähigkeiten der Bewerber in Form eines Lückendiktats überprüft. Hierbei kam es auch auf das Schönschreiben an, und von Verbesserungen sollte doch bitte Abstand genommen werden, damit die ach so armen Auswerter nicht in Verlegenheit kämen, Unleserliches womöglich als falsch interpretieren zu müssen.

Endlich gab's dann für uns eine Pause, in der wir für lau in der regierungspräsidialen Kantine essen und trinken konnten. Der Pförtner, voll ehrlichen Mitgefühls, empfahl mir jedoch, diese in einem benachbarten Café zu verbringen. Frisch gestärkt ging's danach fröhlich weiter, und uns wurde die Geschichte einer jungen Frau vorgelegt, die ihre Freundin besuchen wollte. Unterbrochen von anderen Konzentrationstests, soll-

ten hinterher Details der Geschichte wiedergegeben werden wie Telefonnummern, Geburtsdatum, Hausnummer, Name und Alter des Nachbarn, der ihr geholfen hatte, die Straßenbahnhaltestelle (Name und Standort zu finden). Dazu gab es ein paar Skizzen, die im Laufe der Geschichte eingebaut wurden und die hinterher von uns wiedererkannt werden sollten. Nach weiteren Konzentrations- und anderen Aufgaben stand das große Finale auf dem Zeitplan: der einstündige Allgemeinwissenstest, den der ach so lustige kleine Mann von der DGP uns als »Entspannungsübung« ankündigte. Selten so gelacht ... Wer bei einem solchen Test 95 % Trefferquote erzielen will, der muss nicht nur wissen, dass Ignaz Semmelweis ein Arzt war, sondern auch, dass er das Kindbettfieber besiegte. Ich muss zugeben, dass ich bei vielen Fragen zur deutschen Gegenwartsliteratur – trotz meines Germanistik-Grundstudiums – überfordert war. Ich danke den Testern, dass sie es mühelos geschafft haben, mich von meinem hohen (Bildungs-)Ross zu schubsen. Das Bildungsideal der DGP zugrunde gelegt, verstehe ich mich von nun an als ungebildeten Vollidioten. Danke noch mal dafür.

Gehobene nichttechnische Beamtenlaufbahn/Kommunalverwaltung Thüringen

Nachdem ich mein Jurastudium abgebrochen hatte, ereilte mich eine desillusionierende Botschaft: Um in einem Traumberuf (Beamtenlaufbahn) einen Ausbildungsplatz zu bekommen, müsste ich mich in den Wett-

bewerb mit 300 anderen Bewerbern begeben. Na, dann gute Nacht! Ich schrieb brav Bewerbungen, erhielt freundliche Absagen und begrub meinen Wunsch schon fast, als endlich die erhoffte Einladung zum Test für

einen Ausbildungsplatz in der Kommunalverwaltung eintraf. Wacker mischte ich mich
unter die 100 anderen und kämpfte um
einen der vier zu vergebenden Plätze.

Der erste Test dauerte zwei Stunden: An
einige Fragen erinnere mich noch: Wie heißt
der Ministerpräsident von Thüringen, wie
unsere Staats- und Regierungsform, wo sind
die Grundrechte festgeschrieben? Nennen
Sie fünf Grundrechte mit Paragrafen. An
welchem Rad eines Fahrrades befestigst du
den Dynamo, wenn beide Räder deutlich unterschiedlich groß sind und du maximales
Licht erzeugen möchtest? Über wie viele
Runden geht ein Boxkampf?

Es folgten zwei Tests, einmal mussten
Zahlenreihen fortgesetzt werden, dann sollte
man Textaufgaben lösen. Schließlich galt es,
einen Rechtschreibtest zu bestehen. Dazu
gab es zwei eng bedruckte Seiten, die man
ganz schlecht entziffern konnte. Am Rand
sollten Verbesserungen notiert werden.
Schließlich galt es, einen Brief an einen
imaginären Bewerber bei der Verwaltung zu
verfassen.

Puh, das war 'n Stück Arbeit. Diese
Hürde ist wirklich nur mit Vorbereitung zu
schaffen. Ist doch auch klar – die wollten 96
Leute von uns wieder loswerden!

Das Vorstellungsgespräch sah dann so
aus:

- Warum haben Sie sich bei uns beworben?
- Wieso haben Sie Ihr Studium abgebro-
  chen?
- Nennen Sie den Verwaltungsaufbau und
  die Untergruppen sowie die dortigen
  Tätigkeiten (Antwort: 5–6 Dezernate,
  z.B. Bauwesen, Untergruppe: Bauver-
  waltungsamt, Tätigkeit: Bauaktenarchiv.
  Tipp: Vorher Infobroschüre von der
  Pressestelle oder Bürgerberatung
  besorgen!)
- Mit welchen Gesetzen werden Sie ge-
  gebenenfalls arbeiten? (Grundgesetz,
  Verwaltungsverfahrensgesetz, BGB;
  spezielle Gesetze in den jeweiligen
  Dezernaten, z.B. Namensrecht)
- Welche Unterrichtsstunden haben Sie?
- Sie werden Teams von 5 bis 6 Leuten
  leiten, schildern Sie Ihre Arbeit aus die-
  ser Sicht. Was bedeutet Teamarbeit für
  Sie?

Das waren zwar sehr anstrengende und hap-
pige 45 Minuten, aber – und das muss man
ihnen lassen – nett waren die Interviewer
allemal. Ich hab's geschafft, knapp. Ist ja
egal. Wenn man bedenkt, dass meine
Chance nur 4 Prozent, also 1 zu 25 betrug.
Toll, was?

Bankkauffrau/Commerzbank in Düsseldorf

Zwei Wochen nach meiner Bewerbung als Bankkaufmann wurde ich zur Einstellungsrunde in die heiligen Hallen der Commerzbank eingeladen. Der Test würde drei bis fünf Stunden dauern, Fahrtkosten könnten »leider« nicht erstattet werden. Das »leider« habe ich dahingehend verstanden, dass es der Bank ziemlich leidgetan hat, sich so knauserig zeigen zu müssen.

Wir standen also alle gebügelt und gestriegelt im Flur und warteten auf den Start – Sitzgelegenheiten waren nicht ausreichend vorhanden, auch da muss gespart werden. Es war 9.30 Uhr, die Tür ging auf, eine Dame trat herein, die Show begann. Sie stellte sich uns als »Personaltrainerin« vor. Bis 9.45 Uhr Begrüßung der Bewerber und Erläuterung des Programms. Danach bis 10.00 Uhr Vorstellung der einzelnen Bewerber und erster Schweißausbruch. Man ahnt ja schließlich doch, dass sie einen da schon prüfen. Wie macht sie's, wie wirkt sie, wie oft verspricht sie sich und, und, und … Man sollte Namen, Alter, schulische Ausbildung, den Heimatort und – man höre und staune – die Hobbys vortragen.

Die nächsten 40 Minuten gingen dann mit dem ersten schriftlichen Test rum. Wie gut, dass ich vorbereitet war. Es handelte sich um die »never ending story« vom heimkehrenden Jugendlichen (Hänschen klein?), die ich schon aus Ihrem Buch kannte. Um 10.40 Uhr schloss sich nahtlos der zweite schriftliche Test an. Auch hier Gott sei Dank keine Überraschungen, denn es handelte

sich um einen simplen I-S-T sowie um Dreisatzaufgaben, die gut im Kopf zu lösen waren. Man musste die richtige Lösung ankreuzen und hatte 30 Minuten Zeit.

Jetzt hieß es in der 10-minütigen Pause noch mal kräftig durchatmen, denn ruckzuck begann um 11.20 Uhr eine Gesprächsrunde von 40 Minuten. Erst dachte man an nichts Böses, aber nach der Aufwärmphase (»Wie kamen Sie mit diesem Test zurecht?«) war schon klar, worum es geht: Gruppenverhalten! Die erste Frage der Trainerin lautete, welche Eigenschaften ein Bankkaufmann haben soll, und dann noch, welche man denn selber zu haben glaube. Die Diskussionsleiterin unterließ es übrigens nicht, an den passenden Stellen auf eventuell unpassende Kleidung oder Haltung hinzuweisen!

12 Uhr – endlich Happenpappen? Denkste, ein eisgekühltes Getränk stilvoll aus der Flasche, das war's, den Rest mussten wir tatsächlich selber bezahlen. Eine Bank ist eben eine Bank, die nicht so schnell mal eben Geld für Mittagessen ausgibt! Wie sagte schon meine Oma: Von reichen Leuten kann man sparen lernen…

Nach dem Essen wurden die bisherigen Ergebnisse aller Teilnehmer öffentlich mitgeteilt und die 50 % »Nieten« ausgemustert. Ich wäre am liebsten freiwillig mitgegangen. Was sich da zutrug, war weniger für meine Mitstreiter als für die Bank hochnotpeinlich.

Am Nachmittag traten wir in zwei Gruppen an, von denen eine Gruppe um 13 Uhr, die andere um 15 Uhr eingeladen wurde. Zu dritt oder viert saßen wir jetzt zwei neuen Trainern gegenüber. Alle Bewerber wurden nacheinander einzeln befragt. Der Arme, der immer der Letzte war, der konnte kaum mehr was Neues sagen, was die anderen nicht schon vor ihm berichtet hatten!

Die Fragen:
- Wie kam es zu Ihrer Berufswahl?
- Was interessiert Sie an dem Berufsbild?
- Wie haben Sie sich über das Berufsbild informiert?
- Bei wie vielen Banken haben Sie sich beworben?
- Was machen Sie, wenn wir Ihnen absagen?
- Was machen Sie in der Freizeit?

Nach diesen Gesprächen wurden wir kurz vor die Tür geschickt und bald danach einzeln zur ›Urteilsverkündung‹ wieder hereingebeten.

Bankkaufmann/große deutsche Bank mit Stammsitz in München

Ich hatte mich kurz vor dem großen Test noch in die Materie AC eingearbeitet, weil ich erfahren hatte, dass ein solches Verfahren auf uns Bewerber zukommen wird. Ich rechnete also mit dem Schlimmsten – umso angenehmer überrascht war ich, dass mit uns sehr fair umgegangen wurde. Sehr positiv fiel mir auf, dass die Fachabteilungen stark in das Auswahlverfahren einbezogen wurden. Nun aber zum Ablauf:

Nach kurzer Begrüßung durch eine Psychologin stellten sich die sechs Teilnehmer vor. Man sagte, dass uns bereits am Abend eine Entscheidung über ein Angebot mitgeteilt werde. Ein Abteilungsleiter aus der Anwendungsentwicklung stellte die Bank und insbesondere seinen Bereich vor. Dabei konnten Fragen gestellt werden. Bereits jetzt entstand eine rege Diskussion.

Danach begannen unter Aufsicht der Psychologin die Einzeltests: Wortgleichungen (z.B. Muster verhält sich zu Entwurf wie Maschine zu ...), Zahlenreihen und grafische Aufgaben. Es folgten ein klassischer Persönlichkeitstest und eine Organisationsaufgabe (Vorbereitung einer Reise). Smalltalk in den Pausen lockerte die Stimmung zwischen den Beteiligten auf.

Nun hatte die Gruppe eine weitere Organisationsaufgabe zu lösen – Netzplan zur Vorbereitung einer Präsentation. Ich hatte den Eindruck, dass vor allem Teamfähigkeit gefragt war (Anwendungsentwickler = Mitarbeiter in einem Projektteam). Die Teilnehmergruppe war inzwischen so gut drauf, dass keine gekünstelte Atmosphäre mehr aufkam. Uns beobachteten vor allem Abteilungsleiter der künftigen Einsatzgebiete, die sich hier vorab ein Bild von ihren potenziellen Mitarbeitern machen konnten.

Nach dem Mittagessen wurden die AC-Teilnehmer für Einzelinterviews aufgeteilt, welche gleichzeitig stattfanden. Jeder wurde von zwei Gruppenleitern befragt. Wie sich später herausstellte, hatten diese, ausgehend von den Unterlagen, im Vorfeld Interesse an den Bewerbern bekundet. Nun konnten sie sich persönlich ein Bild machen. Die Fragen waren allgemeiner Art (einschließlich Gehaltsvorstellungen), gingen aber auch fachlich in die Tiefe (Was verstehen Sie unter…? Welche Unterschiede bestehen zwischen …?). Im Mittelpunkt stand immer wieder die Teamfähigkeit als wichtigste Eigenschaft für die spätere Arbeit. Bereits jetzt fiel eine Vorentscheidung (für mich positiv), die mir nach kurzer Wartezeit auch mitgeteilt wurde.

Nun kam aber noch das alles entscheidende zweite Interview mit dem Bereichsleiter, dem späteren Abteilungsleiter und einer Psychologin. Themen waren wiederum Teamfähigkeit, aber auch persönliche Eigenschaften und Ziele. Getestet wurde ebenfalls die Stressfestigkeit bei unangenehmen Fragen, wobei ich viele in Ihren Büchern empfohlene Verhaltensstrategien erfolgreich einsetzen konnte.

Es war jetzt 18 Uhr. Nach einer Viertelstunde bangen Wartens erhielt ich ein Angebot. Alle Details wie Gehaltsvorstellungen und Eintrittsdatum wurden sofort geklärt.

Anders als viele andere Bewerber habe ich also das AC als ein effizientes und faires Verfahren zur Personalauswahl kennengelernt.

Bankkauffrau/Deutsche Bank AG Essen

Bevor das eigentliche AC begann, wurden wir Bewerber zunächst einem zweistündigen schriftlichen Test unterzogen, der hauptsächlich die Bereiche Prozentrechnung, Rechtschreibung und logisches Denken umfasste. Wer da bestanden hatte, für den hieß es: Die Testerei geht weiter. Die anderen mussten an dieser Stelle schon nach Hause gehen.

Nur noch acht Teilnehmer blieben übrig. Wir hatten uns nun in einem Gruppengespräch zu bewähren, bei dem drei Mitarbeiter der Bank dabei waren. Trotz der eigentlich angespannten Situation war die Atmosphäre recht locker – die Banker versuchten, uns mit Witzen bei Laune zu halten.

Im Laufe des Nachmittags waren drei Aufgaben zu lösen: Die erste bestand in der Präsentation, die allerdings nicht wie allgemein üblich ablaufen sollte (Ich heiße …, meine Hobbys sind …), sondern jeder Bewerber wurde aufgefordert, sich mit drei Städten zu charakterisieren. So z.B. dem Ort, an dem man geboren wurde, wo man jetzt wohnt und dem bevorzugten Urlaubsort. Die ausgewählten Städte sollten dann am Flipchart mit einem Kreuz gekennzeichnet werden. Ein Problem ergab sich natürlich für all die Bewerber, die noch nie in ihrem Leben umgezogen sind und ein Leben lang in der gleichen Stadt wohnen. Allerdings kam es bei dieser Übung anscheinend nicht so sehr auf den Wahrheitsgehalt an, sondern mehr darauf, wie man sich präsentiert. Peinlich werden konnte es bei dieser Übung, wenn man geografisch nicht ganz so sattelfest ist und seine drei Städte im Verhältnis zu den anderen schon eingemalten Orten am Flipchart nicht so genau lokalisieren konnte.

Die zweite Aufgabe bestand in der Gruppendiskussion. Wir konnten uns selber entscheiden, worüber wir sprechen wollten – mit der einzigen Vorgabe, dass alle Bewerber mitreden können. Es musste sich noch nicht mal um ein wirtschaftliches Thema handeln. Zentralabitur oder Rechtschreibreform – alles erlaubt. Für die Diskussion blieb uns eine halbe Stunde. Bei dieser Übung hing der eigene »Erfolg« sehr von den Mitbewerbern ab. Denn falls man eine Gruppe erwischt, die sich beispielsweise ein sehr kompliziertes Diskussionsthema aussucht, kommt man möglicherweise in die Verlegenheit, da nicht mitreden zu können.

Anschließend sollte jeder Bewerber erläutern, weshalb er ausgerechnet diesen Beruf ausüben möchte und wie denn der Stand der Bewerbungen bei anderen Bankhäusern sei. Dabei war es ausdrücklich erlaubt, Gründe anderer zu wiederholen, die vor einem an der Reihe waren. Das war sehr fair gegenüber den letzten Bewerbern, denen sonst wahrscheinlich keine Argumente mehr eingefallen wären, die nicht schon irgendjemand vor ihnen angeführt hätte.

Ausbildung zur Reiseverkehrskauffrau

In einem Reisebüro arbeiten – das ist schon lange mein Traum gewesen. Deshalb bewarb ich mich nach dem Abi um einen Ausbildungsplatz als Reiseverkehrskauffrau. Man teilte mir mit, dass ich an einem Eignungstest teilnehmen müsste. Weil ich noch nie so einen Test gesehen hatte, lief ich in den nächsten Buchladen und kaufte mir zwei Ihrer Bücher. Alle Tests, die mir für den Beruf relevant erscheinen, habe ich geübt – zum Glück. Denn so war ich recht gut vorbereitet auf die oft ganz schön kniffligen Fragen.

Ich bekam einen dicken Fragenkatalog ausgehändigt mit der Information, dass ich für die Beantwortung drei Stunden Zeit hätte. Ganz schön knapp, dachte ich bei diesem Haufen an Fragen.

Die Themenschwerpunkte lagen in den Bereichen Geografie, Literatur, Politik und Rechnen. So wurde beispielsweise nach den Bundesländern und deren Hauptstädten und nach den EG-Staaten gefragt. Oder man sollte verschiedenen Hauptstädten ein berühmtes Bauwerk zuordnen und alle Länder, die an die BRD angrenzen, im Uhrzeigersinn aufführen.

Dann galt es, Werke berühmter Schriftsteller richtig zuzuordnen, politische Begriffe zu definieren und die Staatsoberhäupter einiger Länder aufzuführen. Weiter ging es mit Konzentrationsübungen – so mussten aus einem Block voller Zahlen alle 6er und 9er herausgestrichen und gezählt werden. Anschließend bestand die Aufgabe darin, eine DIN-A4-Seite, vollgeschrieben mit Fremdwörtern, zu erklären.

Spätestens hier begann mein Kopf zu rauchen. Aber das Ende war Gott sei Dank nah.

Zum Schluss wurde noch ein Aufsatz verlangt. Man konnte zwischen zwei Themen wählen:

1. Ein Freund fragt Dich nach einem Urlaubsort, den Du aus eigener Erfahrung empfehlen kannst. Schreibe dies in einem Brief.
2. Wie stellst Du Dir Deinen Urlaub vor? Was müsste er alles beinhalten?

Übrigens: Ich habe 195 von 250 möglichen Punkten erzielt. Offensichtlich kein so schlechtes Ergebnis. Denn ich wurde daraufhin zum Vorstellungsgespräch eingeladen – und habe den Job bekommen.

Offiziersanwärter/Bundeswehr Köln

Mächtig stolz, dass ich zugelassen war, machte ich mich mit der Bahn (übrigens be zahlt!) auf den Weg nach Köln in die Mudrakaserne. Am Tag unserer Ankunft wurden wir zunächst in unsere Zimmer gewiesen. Ein schöner Vorgeschmack auf die Kasernierung. Für den restlichen Ablauf war jeder selbst verantwortlich, das heißt, man wurde weder abgeholt noch über die Örtlichkeiten informiert.

Die Eckdaten der (maximal) dreitägigen Auswahlprüfung erläuterte man uns danach in der Einführungsveranstaltung. Man klärte uns über die Erwartungen an zukünftige Offiziere auf, erläuterte die Rücktrittserlaubnis und das Verlassen der Kaserne und stellte uns den Testablauf, die wichtigsten Personen sowie die neutralen Beobachter – was immer »neutral« heißen soll – vor.

Danach sollten wir einen »biografischen Fragebogen« ausfüllen. Ich entschied, dass es sich um meinen Lebenslauf handeln soll, und beschrieb ihn in Stichworten. Zweiter Zettel: Studienabsichten – ebenfalls in Stichworten. Bei beiden Bögen gibt es zwei Regeln: Man muss peinlichst auf eine gute, saubere Handschrift achten und wissen, dass im Zweifel alles gegen eine verwendet werden kann. Soll heißen: Alles, was man schreibt, wird später im Bewerbungsgespräch und beim Studienberater nochmals angesprochen. Also aufpassen, keine Lügenmärchen verfassen.

Das war's, der erste Tag ging zu Ende.

An Schlafen war eigentlich nicht zu denken, denn erstens war ich viel zu aufgeregt, und zweitens hatte ich Angst zu verschlafen. Wir mussten ja bekanntlich für alles selber die Verantwortung übernehmen, also auch für das pünktliche Erscheinen am nächsten

Morgen. Was das hieß? Dass man auf alle Fälle einen Wecker dabeihaben sollte, der hundertprozentig funktioniert, denn um 5.45 Uhr musste jeder am nächsten Morgen auf der Matte bzw. am Frühstücksbüfett stehen und innerhalb von 30 Minuten Essen fassen. Gar nicht so komisch mit ca. 100 verstörten Kandidaten, die morgens in einer langen Schlange warten. Ich hatte noch alberne fünf Minuten Frühstück. Na, immerhin war es kostenlos.

Kein guter Start für diesen zweiten Prüfungstag. Erste Aufgabe: ein Aufsatz. Es standen zwei Themen zur Auswahl: »Loyalität und Treue« oder »Flexibilität und Anpassung«. Man sollte in Picobelloschrift (Maximalumfang 300 Worte) in 30 Minuten auf unliniertem Papier die Begriffe definieren, sie voneinander abgrenzen und ihre Gemeinsamkeiten festlegen. Ein Tipp für hoffnungslose Querschreiber: liniertes Papier als Unterlage mitnehmen – man darf sich nur nicht erwischen lassen.

Danach ging es für jeden von uns unterschiedlich weiter, denn anders konnten die Massen an Bewerbern nicht »bedient« werden. Man schickte mich zum Onkel Doc, der sich meine Augen ansah.

Achtung, »Blindschleichen«, die meinen, sie müssten ihre Kurzsichtigkeit wegoperieren lassen, damit sie bloß zu den Fliegern kommen: Schickt nicht hintereinander ein »schlechtes« und ein »gutes« Attest ein, denn eine Heilung innerhalb von drei Monaten ist mysteriös, der Betrug fällt auf, und aus ist das Spiel. Eine Operation bringt übrigens schon deswegen nichts, weil nach dem Sehtest ein Blendtest folgt und ein operiertes Auge diesen Test in der Regel nicht besteht.

Der Doc, übrigens ein Zivilist, maß Körpergröße, Gewicht sowie den Blutdruck vor und nach 20 Kniebeugen und nahm schließlich eine Urinprobe und zapfte aus der Fingerkuppe etwas Blut.

Erster Akt zu Ende, und ab zum Mittagessen.

Als Nächstes stand ein Logik-Wissens-Test auf dem Programm, der am Computer ausgeführt wurde und bei dem es um Wortanalogien und Wortverbindungen ging, zu denen sich übrigens das Studium von Fremdwörtern empfiehlt. Wer sich bislang noch gut gefühlt hatte, wurde nun heftig in die Mangel genommen: Bewerbungsgespräch mit zwei ranghohen Offizieren. Das ist ein Erlebnis, das man so schnell nicht vergisst. Ich rate zu parieren, mit allem Respekt, und ruhig, überlegt und freundlich zu bleiben, egal, was passiert. 50 % meiner Mitstreiter konnten nach dem 20-minütigen Gespräch, bei dem nicht immer ein Psychologe dabei war, ihre Siebensachen packen.

Wichtig ist, dass man sein politisches Interesse zeigt, denn die ersten Fragen beziehen sich auf Themen wie z.B. Südafrika, Bundeswehr 2000 oder Wehrbeauftragte. Es ist unbedingt zu empfehlen, das aktuelle politische Geschehen (vor allem das der letzten sechs Monate) gut drauf zu haben. Dann sollte jeder Kandidat klar und deutlich zeigen, dass er Offizier werden will, weil er seinen Teil zum Friedensprozess beisteuern und das zu seinem Beruf machen möchte.

Sage bitte keiner, er wolle fliegen oder so! Außerdem dürfte ja klar sein, dass man aus Spaß und Begeisterung studieren möchte und nicht etwa, weil man damit Geld verdienen will!

Man muss tatsächlich verflixt aufpassen, was man so sagt, alles provoziert Rückfragen/Berufsethik – was, wieso, was verstehen Sie darunter …). Nun ja, wenn man das Aggressive liebt, ist das Gespräch vielleicht kein Problem, ich habe jedenfalls bei dieser Rumhackerei schon heftig schlucken müssen. Der Abschied verlief denn auch ebenso grußlos und ohne Händeschütteln wie die Begrüßung. Die Herren Offiziere erhoben sich nicht einmal andeutungsweise.

Ende zweiter Akt, ab in die Koje.

Dritter Tag, Start mit der üblichen Schlacht am Büfett, allerdings bei schon deutlich reduzierter Belegschaft etwas entspannter, also etwas mehr Zeit, um zu frühstücken.

Dann der erste Test: Matheaufgaben, 30 Minuten Zeit. Algebra (Schmierzettel, kein Taschenrechner), Geometrie und Analysis (Ableitungen und zwei Aufgaben zur Integralrechnung) im Multiple-Choice-Verfahren, Eingabe in den PC. Beispiel: $3x + 4 = Y$ und $-3x - 4 = y$, sind die Geraden parallel, schneiden sie sich und bilden einen spitzen Winkel von 60 Grad, oder stehen sie senkrecht zur x-Achse?

Sogleich geht's weiter mit einem Konzentrationstest. Dieser bestand aus 20 chinesischen Zeichen, denen je eine Zahl zugeordnet war (von 0 bis 9, wobei jeder Zahl zwei Zeichen zuzuordnen waren). Dann folgten senkrecht auf dem Bildschirm diese Zeichen einer Zeile, ähnlich wie auf einer Tabelle, wo im Prinzip die Aufgabe darin bestand, beim untersten Zeichen die zugehörige Zahl zu finden und diese mit dem zweiten Zeichen und der dazugehörigen Zahl zu addieren usw. Die Kolonne setzte sich nach oben fort. Man gab das Ergebnis mit der Tastatur ein. Der Computer gab einem jedoch nur eine begrenzte Zeit, dann folgte eine völlig neue Zahlenreihe und damit eine neue Zuordnung der Zahlen zu den Zeichen. Ganz schön chinesisch, aber Ende gut, Studieren gut – sonst Abgang, jedoch nicht zum Mittagessen, so wie es die »Überlebenden« tun konnten, sondern nach Hause. Das Mittagessen war nun zwar verdient, aber man sollte sich mit Pommes und Schnitzel nicht zu sehr den Bauch vollschlagen. Das kann dann im Sporttest ziemlich hinderlich werden, davon später mehr.

Mein nächster Prüfungsteil bestand aus einem Gruppensituationsversuch, den ich und zwei andere arme kleine dumme Prüflinge (zweifellos kamen wir uns langsam so vor!) zusammen zu bestehen hatten. In 30 Minuten mussten wir jeder einen Kurzvortrag von 10 Minuten Länge vorbereiten, der frei vorzutragen war. Man durfte seine Notizen sogar dabeihaben. Dazu standen Themen wie »Zivildienst – eine Alternative?« oder »Aufrechterhaltung einer zerbrochenen Ehe zugunsten der Kinder?« zur Wahl. Der Knalleffekt war der voll besetzte Prüfungsraum: ein Psychologe, meine bisherigen Prüfer aus dem Einstellungsgespräch und drei weitere Offiziere (und natürlich meine beiden Prüfungskameraden). Beim Vortrag sollte man es tunlichst vermeiden, eine eventuell witzig gemeinte Bemerkung anzubringen. Sagen die beiden Mitbewerber nichts oder nicht das Richtige dazu, dann fällt die ganze Truppe durch. Schließlich mussten wir drei miteinander diskutieren. Thema: »Bundeswehr – Berufsarmee oder Wehrpflichtarmee?« Die Diskussion wurde mittendrin abgebrochen. Da hat man – vorsichtig ausgedrückt – ein absolut bescheuertes Gefühl.

Nun, lange konnte man sich nicht damit aufhalten, denn es galt, ein Planspiel zu ab solvieren. Eine Fahrt in die Türkei mit 20 Jugendlichen war (ohne viel Geld) zu planen. Auch hier wurde wieder mittendrin abgebrochen. Das tat unserem Selbstbewusstsein nicht gerade gut. Wir dachten, wir hätten nur Quatsch geredet. Dass sie das bei allen Gruppen so machen, wussten wir ja nicht.

Der vorletzte Akt war das Zusammentreffen mit dem Studienberater. Das Gespräch findet alleine mit einem Offizier statt. Es empfiehlt sich, vorher die Bewerbungsbroschüre genauestens durchzulesen, denn es werden passend zu den Studienwunschfächern die Studienpläne sowie Fachausdrücke aus den Fächern abgefragt. Beispiele: Mikroökonomie und empirische Sozialforschung bei den Staats- und Sozialwissenschaften. Darüber hinaus wird natürlich bereits vorhandenes Wissen geprüft. Sollte da jemand nicht fit sein, kann er entweder überhaupt nicht studieren oder wird für ein anderes Fach vorgeschlagen. Daraufhin haben manche Kandidaten sofort ihre Bewerbung zurückgezogen. Das habe ich zwar nicht gemacht, aber vielleicht werde ich es eines Tages noch bereuen.

Schlussakt: der Sporttest. Ich kann nur sagen: sportlich, doch wirklich, im besten Sinne des Wortes sportlich, dieser Test. Erst zweimal hintereinander mindestens 2 Meter Stand (!)-Weitsprung, dann zweimal 9 Meter Pendellauf, mindestens 18 Liegestützen in 40 Sekunden, aber die etwas professionellere Variante: auf den Boden legen, Hände auf dem Rücken gekreuzt, dann bei »Los« anfangen mit dem Liegestütz, und, wenn man oben ist, die Hände zusammenklatschen, danach wieder auf den Boden legen, die Hände auf dem Rücken kreuzen und wieder alles von vorne. Anschließend mindestens 18 Situps in 40 Sekunden, anschließend noch ein 12-Minuten-Lauf um das Volleyballfeld herum (über 2000 Meter) und schließlich ab unter die Dusche. Mensch Meier, wenn da einer Jet-Pilot werden will, der muss schon zu den Allerbesten gehören.

Nach dem Duschakt werden die Ergebnisse verkündet. Das große Zähneklappern bleibt aus, man ist vom Sport noch völlig fertig. Jetzt kommt übrigens noch mal ein kolossaler Hammer:

Das Bestehen der Tests garantiert keineswegs die Einstellung. Das entscheidet sich in der Bestenauslese derer, die alle Tests bestanden haben. Tja, pro Jahr wollen eben 7000 bis 8000 Schüler Offizier werden. Aber was tun, wenn nur 1500 genommen werden? Seine Chancen kann sich da gerne jeder selbst ausrechnen.

In der Einladung wurde übrigens um angemessene Kleidung, der Bedeutung des Anlasses gemäß, gebeten. Nur 6 von 100 Bewerbern kamen mit Schlips und Jackett.

Industriekauffrau

Ich bin Abiturientin und bewarb mich um einen Ausbildungsplatz als Industriekauffrau in einem großen Duisburger Unternehmen. Die Adresse bekam ich vom Arbeitsamt. Auf meine schriftlichen Bewerbungsunterlagen bekam ich eine Einladung zum Vorstellungsgespräch. Erstaunlich fand ich, dass man vorab keinen Eignungstest veranstaltete. Als ich zum vereinbarten Zeitpunkt pünktlich bei der Firma erschien, erklärte mir eine freundliche Dame, dass es etwas länger dauern würde, und bat mich, einige Minuten zu warten. Eine halbe Stunde kämpfte ich mit meiner Nervosität, dann wurde ich abgeholt und von der Dame in einen Konferenzraum gebracht, in dem bereits ein Herr wartete. Vor ihm auf dem Tisch lagen alle meine Unterlagen. Die Dame blieb und setzte sich neben den Herrn, mir wurde ein Platz ihnen gegenüber angeboten.

Zu Beginn des Gesprächs fragte der Herr nach dem Beruf meines Vaters, wie ich auf ihre Firma gekommen sei und wie ich mir den angestrebten Beruf vorstelle. Dabei erzählte er auch etwas von sich. Er gehöre zur Personalabteilung und sei psychologisch ausgebildet. Sein Steckenpferd sei die Analyse von Handschriften und Charakteraussagen über den Schreiber. Dann wollte er plötzlich wissen: »Wie kamen Ihre Eltern auf Ihren Vornamen?«, »Wie würden Sie sich verhalten, wenn Sie hören, dass ein Mitarbeiter Sie hinter Ihrem Rücken ›Stift‹ nennt?« »Warum sollten wir ausgerechnet Sie einstellen?«, »Warum wollen Sie nicht studieren?«

Unter anderem unterhielten wir uns über gruppendynamische Prozesse. Am Ende erklärte er mir, dass dieses Unternehmen keine üblichen Tests durchführen würde, sondern in Frage kommende Bewerber zu Gruppengesprächen einlädt. Ich würde von ihnen hören. Dieses erste Auswahlgespräch dauerte etwa 30 Minuten.

Schon eine Woche später bekam ich eine Einladung zum Gruppengespräch. Außer mir waren noch fünf andere BewerberInnen eingeladen. Alle waren Abiturienten. Zusätzlich zu dem mir schon bekannten Herrn mit Dame waren noch zwei weitere Herren anwesend. Sie nahmen als Beobachter teil. Zunächst wurde von uns ein Rollenspiel verlangt.

Man zog einen Namen und bekam seine Regieanweisung in Form eines Lebenslaufes und eines besonderen Anliegens, dargestellt auf einem Blatt. Nun sollten wir uns vorstellen, dass wir eine Wohngemeinschaft seien. Jeder von uns hatte die Absicht zu verfolgen, einen Bekannten in ein gerade frei gewordenes Zimmer einzuquartieren. Der Einigungsprozess unter uns WG-Bewohnern musste in 30 Minuten erfolgen. Jeder Bewerber hatte einen anderen Fall zu vertreten. Da waren eine Frau mit Kind und ohne Arbeit, ein Übersiedler aus Weißrussland, eine Afrikanerin, ein reicher Jugendlicher, der das WG-Leben einmal kennenlernen wollte etc. Natürlich ging es um das Durchsetzungsvermögen innerhalb der Gruppe, die Ausdrucksfähigkeit und die Kompromissbereitschaft. Während der Diskussion wurden wir beobachtet, und man machte sich Notizen über uns.

Etwas später galt es, einen Aufsatz zu schreiben über ein Ereignis, das uns sehr beschäftigt hat. Dann bekamen wir einen Test zum technischen Verständnis vorgelegt. Zunächst wurden wir schön weit auseinander gesetzt, und nun kam das Erstaunliche: Die Tester verließen den Raum und ließen uns allein. Trotz des Konkurrenzdenkens haben wir einige Aufgaben gemeinsam gelöst. Ich frage mich heute noch, ob eine geheime Kamera uns eventuell beobachtet haben könnte.

Nach einiger Zeit kamen die Tester und Beobachter wieder. Nun gingen wir gemeinsam die Aufgaben und Lösungen durch, und jeder musste seinen Gedankengang und Lösungsweg mitteilen. Diese wurden von allen diskutiert, und jeder Einzelne musste auf seinem Antwortblatt angeben, ob er die Lösung für falsch oder richtig hielt.

Die nächste Aufgabe bestand wieder aus einer Gruppendiskussion. Diesmal musste eine Schulfeier organisiert werden.

Im nächsten Prüfungsteil sollten wir für diese Veranstaltung ein Plakat und einen entsprechenden Text entwerfen.

Insgesamt dauerte das Gruppengespräch ca. 4 Stunden und wurde lediglich von einer 15-minütigen Pause unterbrochen. Da wir alle in der engeren Auswahl seien, bat man sich eine Woche Zeit aus für die Entscheidung, die man sich nicht leicht machen würde.

Nun, es kann sein, dass ich nicht genug Durchsetzungsvermögen im Rollenspiel oder nicht genügend Organisationstalent an den Tag gelegt habe, jedenfalls bekam ich nach vier Wochen eine Absage, in der es hieß, man solle sich mit dem Betrieb in Verbindung setzen und ruhig nachfragen, was denn nicht so gut gelaufen sei. Dazu aber hatte ich keine Traute mehr, keine Energie, so ein Gespräch noch einmal durchzustehen.

Inzwischen habe ich übrigens eine Ausbildungsstelle als Industriekauffrau bei einem anderen bekannten Unternehmen.

Wirtschaftsassistent

Das Unternehmen, ein Großkonzern aus der Non-Food-Branche, schickte die Testeinladung sehr früh. 12 Wochen lagen zwischen Benachrichtigung und dem angesetzten Testtermin. Ich musste an einem Montag um 7.45 Uhr antreten, was für mich bedeutete, um 5 Uhr aufzustehen. Andere Bewerber waren aber noch schlechter dran, z.B. bereits um 4 Uhr auf der Autobahn oder schon am Vortage angereist.

In einer Art Klassenraum trafen wir uns zum ersten Test. Anfangs waren wir 13 Testteilnehmer, aber einem ging es nicht gut, so dass er nach einer Stunde heimfuhr. Wir anderen absolvierten für den Anfang die üblichen sprachlichen und mathematischen Aufgaben (das ewige »Baum verhält sich zu Wald wie Gras zu Wiese« und die gängigen Dreisatzaufgaben und Zahlenreihen). Da waren die Kurvendiskussion und der Analysisteil (Gott sei Dank gab es Lösungsvorschläge) schon etwas anderes.

Nach diesem Testblock sollten wir uns Folgendes vorstellen: An unserem Arbeitsplatz nehmen wir ein Telefongespräch für einen verreisten Kollegen entgegen, den wir in einer schriftlichen Notiz über den Inhalt dieses Gesprächs informieren müssen. Das Telefongespräch – wie sollte es anders sein – wurde uns einmal schnell vorgelesen und runtergenuschelt. Es war gespickt mit Daten, Zahlen und Fachausdrücken. Ich hatte meine liebe Mühe, mit den Notizen mitzukommen.

Nach einer Pause (Getränke wurden bereitgestellt) ging die Testerei weiter. Jetzt war man ein gewisser XY, der aus dem Urlaub zurückkam und jede Menge Post vorfand. Diese musste teilweise beantwortet werden, was wiederum Einkäufe und Besuche nach sich zog. Da dieser XY aber am selben frühen Nachmittag schon wieder auf die nächste Reise ging, musste man die Zeit und die Wege sehr wirtschaftlich organisieren, um alles geregelt zu kriegen. Ein Brief

übrigens war in Englisch, ein anderer in Französisch geschrieben.

Als letzte Testaufgabe kam das »Tapetenreinigungsproblem« auf uns zu. Man sollte dem Einkäufer einer Warenhauskette möglichst viele Gründe nennen, warum dieser einen neuen Tapetenreiniger mit ins Sortiment aufnehmen sollte. Damit war der schriftliche Prüfungsteil beendet.

Es folgten Fahrkostenabrechnung, Mittagessen und Warten. Der Ausbildungsleiter erklärte uns um 13.30 Uhr den weiteren Ablauf des Tages und wollte von uns Fragen zur Ausbildung gestellt bekommen. Danach wurden wir in zwei Gruppen zu sechs Personen aufgeteilt und in verschiedene Räume gebracht. Die insgesamt neun Prüfer – das waren Ausbilder, Betriebsräte, Psychologen, aber auch ein Wirtschaftsassistent in Ausbildung – gesellten sich zu allen Gruppen. In meiner Gruppe mussten wir uns erst einmal ausführlich vorstellen, unseren Lebenslauf erläutern und begründen, warum wir Wirtschaftsassistent werden wollten und nicht studieren.

Die Prüfer hakten ziemlich nach, und man musste sich schon eine überzeugende Berufswahlbegründung einfallen lassen.

Für eine 20-minütige Gruppendiskussion bekamen wir eine Liste mit zehn Strafdelikten, die wir dann nach Schweregrad in eine Rangfolge bringen sollten. Natürlich war es nicht einfach, in der Gruppe einen Konsens darüber herzustellen, da es sich um relativ delikate Fälle handelte: Der betrogene Ehemann schüttet seiner Frau Säure ins Gesicht; ein schuldlos verschuldeter Mann überfällt eine Rentnerin etc.

Nach 20 Minuten sollten wir die Diskussion und den von uns dazu geleisteten Beitrag beurteilen. Nun wechselten die Prüfer die Gruppe, und wir mussten uns erneut vorstellen. Diese Prüfer schienen besonders interessiert daran, ob man sich auch bei der Konkurrenz beworben habe, wo man die Unterschiede zu diesem Unternehmen sehe.

Die Gruppendiskussion war diesmal noch pikanter: Nun waren wir ein Betriebsrat, der aus zehn Bewerbern für eine Ausbildung drei aussuchen sollte. Die Bewerber waren aber alle nicht so problemlos. Die, die gute Noten hatten, waren entweder behindert, vorbestraft oder wenig sozial im Umgang mit anderen. Die Kandidaten mit schlechten Noten hatten Väter in hohen Positionen bei der Firma, oder der Vater eines Bewerbers war in dieser Firma bei einem unverschuldeten Betriebsunfall ums Leben gekommen. Wir waren noch mitten in der Diskussion, als nach 20 Minuten das Stopp-Zeichen kam und wir uns wieder entscheiden mussten.

Bei der anschließenden Beurteilung vertrat ich den Standpunkt, dass es traurig sei, wenn Bewerber wirklich auf diese Art und Weise ausgesucht würden, wie wir das unter Zeitdruck gespielt hatten. Dabei kritisierte ich auch die Tests, die »unsere Bewerber« hatten machen müssen und die angeblich ein wichtiges Entscheidungskriterium darstellen sollten. Plötzlich reagierte der Betriebsrat deutlich verärgert und motzte mich an, ich solle zur Sache kommen. Das hätte ich gerade vom Betriebsrat nicht erwartet.

Assessment-Center-Übungsprogramm

Wie heißt es so schön? Sie wissen es längst: Es ist noch kein Meister vom Himmel gefallen – aber Übung macht den Meister. Das können vor allem die bestätigen, die schon mindestens zweimal ein Assessment Center oder ein ähnliches Gruppenauswahlverfahren mitgemacht haben. Aber auch wer vorher bestimmte AC-Aufgaben regelrecht trainiert hat, ist erfolgreicher.

Auf den folgenden Seiten wollen wir Ihnen so realistisch wie möglich Gelegenheit geben, typische AC-Aufgaben zu üben. Der zu erzielende Lerneffekt hängt auch davon ab, ob es Ihnen möglich ist, für bestimmte Aufgaben (z.B. Gruppendiskussion) »Mitspieler« zu gewinnen. Bei vielen AC-Aufgaben ist ein effektives Üben ohne Mitspieler nicht möglich.

Wichtige Hilfsmittel sind u.a. ein Kassettenrekorder und bei einigen Übungen eine Videokamera.

Hier eine Kurzübersicht zu den einzelnen AC-Aufgabentypen, für die Sie Übungsmaterial finden:

- Präsentation (allein durchführbar)
- Fallbearbeitung/Gruppendiskussion (allein/mehrere Mitspieler)
- Rollenspiel (ein bis zwei Mitspieler unbedingt erforderlich)
- Persönlichkeitstest (allein durchführbar)
- Postkorb (allein durchführbar)

Lösungen bzw. Auswertungshinweise zu den einzelnen AC-Übungen finden Sie im Lösungsverzeichnis im Anschluss an diesen Übungsteil.

Präsentation

Es führt kein Weg daran vorbei: Bei einem AC kommt als Erstes die Präsentation Ihrer eigenen Person. Ob Sie dabei gleich aufgefordert werden, in die Rolle eines (Fantasie-)Tieres zu schlüpfen, oder nicht sich selbst, sondern einen ausgewählten/ausgelosten Mitbewerber vorstellen sollen, ist gar nicht so wichtig.

Bei dieser ersten Übungsaufgabe stellen Sie sich jetzt bitte einer imaginären Zuhörerschaft selbst vor und sprechen (laut, am besten auf Tonband aufzeichnen!) über Ihre persönlichen Daten, Ihre Freizeitaktivitäten, was Sie besonders geprägt hat (Erfahrungen, Erlebnisse, *life events*), Vorbilder, Lebensziele und Träume. Dazu haben Sie fünf Minuten Zeit.

Beginnen Sie jetzt ...

Wenn Sie sich mutig Ihre soeben produzierte Aufnahme anhören, sind Sie mit größter Wahrscheinlichkeit für den Rest des Tages erledigt.

Dennoch: Nur Mut, Sie haben ja noch Zeit zum Üben. Diese Form der ersten Selbstpräsentation ist im Rahmen eines Assessment Centers so ungewöhnlich gar nicht und sollte gut vorbereitet sein.

Die Bandbreite der Themen bei weiteren Präsentationsaufgaben erscheint unerschöpflich. Von berufs- und arbeitsplatzbezogenen Themen geht es über die Bereiche Politik, Umwelt, Wirtschaft, Zeitgeschehen bis hin zu privaten, persönlichen Fragestellungen. Ob Arbeitslosigkeit, Atomenergie, Todesstrafe (z.B. für Sexualstraftäter) oder Maßnahmen gegen die Ausbildungsplatzmisere, Gefahren des Rechtsradikalismus oder Politikverdrossenheit – stellen Sie sich vor, Sie hätten für eines dieser Themen fünf bis zehn Minuten Vorbereitungs- und anschließend drei bis fünf Minuten Vortragszeit.

Bisweilen bekommen Sie für Ihre Vorbereitungzeit auch einen längeren Bericht sowie verschiedene Informationsmaterialien. Sie können den AC-Baustein Präsentation übrigens gut üben, indem Sie z.B. *Spiegel*-Titelgeschichten der letzten Zeit sammeln, willkürlich eine herausgreifen, sich 10 bis 20 Minuten Vorbereitungzeit nehmen und dann versuchen, das Thema in 5 bis 10 Minuten vorzutragen.

Ihren Vortrag sollten Sie mit möglichst wenig Spickzetteln, frei stehend, am besten vor einem großen Spiegel halten. Wenn Sie sich selbst auf Tonband aufnehmen, haben Sie hinterher eine gute Beurteilungsmöglichkeit, wie es Ihnen gelungen ist, das Thema in den Griff zu bekommen.

Einzelbearbeitung oder Gruppendiskussion
Berichte und Aufgaben

Astronautentest

Sie gehören einem europäischen Raumfahrerteam an, das im Jahre 2010 ein Forschungsprojekt auf dem Mond durchführen soll. Dabei sind Sie mit Ihrem Raumgleiter unterwegs und auf dem Mond gelandet. Auf der Rückreise zum Mutterschiff, das auf der beleuchteten Mondseite auf sie wartet, kommt es zu einer technischen Panne. Sie müssen notlanden und befinden sich 200 km von Ihrem

Ziel, dem Mutterschiff, entfernt. Während der unsanften Landung ist viel von der Bordausrüstung zerstört worden. Nun hängt Ihr Überleben davon ab, dass es Ihnen gelingt, zu Fuß zum Mutterschiff zu kommen. 15 unzerstört gebliebene Dinge können Ihnen dabei helfen.

Ihre Aufgabe: Bringen Sie diese Gegenstände in eine Rangfolge, geordnet nach der Wichtigkeit der Mitnahme für den Fußmarsch zum Mutterschiff.

Was, glauben Sie, werden Sie auf dem Mond am notwendigsten brauchen? Was ist am zweitwichtigsten usw.? Bitte notieren Sie jeweils die Rangnummer hinter den Gegenständen. Verfügbar sind:

3 • mehrere Tuben Astronautennahrung
10 • 50 qm Fallschirmseide
14 • solarzellenbetriebener Kocher
11 • Feuerzeug *kein Sauerstoff auf Mond!*
8 • 20 m Seil
9 • Pistole
1 • mehrere Sauerstofftanks
15 • magnetischer Kompass
5 • astronomische Karte
6 • zwei Signalflaggen
13 • solarbetriebenes Radio X *wichtig f. Kommunikation!*
4 • Erste-Hilfe-Koffer
2 • zwei Tanks mit Trinkwasser
7 • ein Paket Milchpulver
12 • automatisch aufblasbares Rettungsboot

In der realen Testsituation nicht unüblich: Sie müssen dieses Thema und die zu wählende Rangfolge in einer Gruppe von Mitbewerbern diskutieren und einen Konsens herbeiführen. Dabei werden Sie beobachtet, wie Ihr Umgangsstil mit den anderen Mitbewerbern ist (siehe auch Gruppendiskussion, S. 19).

Abgestürzt

Hier einige Berichte von AC-Teilnehmern, deren Aufgaben Sie übernehmen können, um sie z.B. in einer Gruppe von Freunden (im Rahmen einer häuslichen AC-Simulation) zu diskutieren.

Hier der AC-Teilnehmerbericht: Mit dem Flugzeug waren wir nach Südafrika unterwegs, als plötzlich ein Defekt an beiden Triebwerken auftrat und den Piloten zu einer Notlandung mitten in der Wüste zwang. So weit das Auge reichte, nichts als Sand …

Bei der Bruchlandung brannte die Pilotenkanzel völlig aus, Pilot und Co-Pilot kamen ums Leben. Die überlebenden Passagiere – meine sieben Mitbewerber und ich um einen Ausbildungsplatz als Bankkaufleute – mussten sich nun gemeinsam überlegen, was zu tun sei. Uns war zum Glück bei dieser Bruchlandung gesundheitlich nichts Schlimmes passiert – außer dass wir uns jetzt mitten in einem Assessment Center befanden.

Aus dem Flugzeugwrack konnten wir noch eine Reihe von Gegenständen bergen und bekamen – nun als Bewerbergruppe – die Aufgabe, uns zu überlegen, welcher Gegenstand zum Überleben wohl der wichtigste sei, aber auch welcher der unwichtigste; alle Utensilien hatte jeder für sich zunächst einmal in eine Rangfolge zu bringen. Da gab es

- mehrere Taschenlampen mit Batterien
- ausreichend Wolldecken für jeden Passagier
- eine Pistole
- einen Verbandskasten
- eine ausreichende Anzahl von Regenmänteln
- einen rot-weißen Fallschirm
- ein Taschenmesser mit Springklinge
- 20 Meter Nylonseil
- 2 Kanister mit 20 Litern Wasser
- einen Kompass

Nachdem jeder für sich eine Rangfolge erstellt hatte, sollten wir unsere Ergebnisse mit den anderen Mitbewerbern diskutieren und in der Gruppe zu einem gemeinsamen Ergebnis kommen.

Albtraum

Mit einer Gruppe von Freunden befinden Sie sich in Ihrem Kleinbus auf der Rückfahrt aus dem Süden in 2274 m Höhe, fast auf der Passhöhe, in den Alpen. Plötzlich macht Ihr Kleinbus keinen Muckser mehr. Draußen herrscht ein fürchterliches Schneetreiben, und die Sicht ist gleich null.

In bester Stimmung hatten Sie sich gemeinsam dazu entschieden, trotz der Warn- und Hinweisschilder die alte Passstraße der bequemen, aber teuren Tunneldurchfahrt vorzuziehen. Sie können jetzt nicht mehr damit rechnen, dass noch ein anderes Fahrzeug diesen Weg nimmt. Eigentlich hätte die von Ihnen gewählte Passstraße eine Winterausrüstung erfordert. Draußen wird es immer kälter.

Aufgabe: Diskutieren Sie gemeinsam die Handlungsmöglichkeiten, die Ihnen in dieser fast ausweglos erscheinenden Situation sinnvoll vorkommen.

Eine etwas harmloser anmutende Thematik enthält die AC-Aufgabe, eine Verteilung von Urlaub oder anderen Vergünstigungen (z.B. Dienstfahrzeug) in einem Arbeitsteam vorzunehmen. Dabei wird für jeden Teilnehmer eine Rolle mit bestimmten Merkmalen kurz vorher festgelegt, die es als Bewerber und AC-Teilnehmer erfolgreich zu vertreten gilt. Ein Bewerber berichtet:

Weihnachten zu Hause

Wir sechs sind die Belegschaft eines Reisebüros und haben den Dienstplan für die Weihnachtszeit zu erstellen. Jeder hatte in seinem Hefter eine ganz persönliche Ausgangs- und Argumentationsposition beschrieben bekommen.

Ich z.B. war nach der Regieanweisung ein 19 Jahre junger lediger Mann, der über Weihnachten seine Eltern besuchen wollte, die allerdings über 300 km weit weg wohnten. Eine andere Bewerberin musste die Rolle einer Frau übernehmen, die schon einen festen Urlaub gebucht hatte; eine weitere Teilnehmerin spielte eine Frau, die ihrem Kind versprochen hatte, über Weihnachten zu Hause zu sein, und eine andere sollte ihren Mann pflegen, der mit gebrochenem Bein im Bett lag. Eine Frau war schon vor der Weihnachtszeit oft für Kollegen eingesprungen und hatte so ein Anrecht auf ihren Weihnachtsurlaub. Der Sechste im Bunde war ein Mann, der aufgrund körperlicher Erschöpfung ebenfalls dringend einen Erholungsurlaub brauchte – alles Rollen, die uns wie beschrieben vorgegeben waren.

Es war nun an uns sechs, aus dieser Situation einen Ausweg zu finden und einen Dienstplan zu erstellen. Während dieses Rollenspiels wurden wir von zwei Männern und einer Frau beobachtet. Das Ganze dauerte etwa eine halbe Stunde, und ich denke, man hat hier vor allem unser Verhalten und unsere Kooperation in der Gruppe testen wollen.

Tierisch

Ein ausführlicher Einblick in ein Versicherungs-AC verdeutlicht, mit welchen Übungen (Tests) die Gesamtpersönlichkeit erfasst bzw. eingeschätzt werden soll:

Da fängt es zunächst für die Kandidaten mit einem Vorstellungsspiel scheinbar leicht und locker an, indem man aufgefordert wird, sich innerhalb der Gruppe der Bewerber einmal anders vorzustellen – nämlich als Tier.

Man hat eine Karte mit einem Tiernamen zu ziehen und den anderen zu erklären, inwieweit das Tier zutreffend bzw. nicht zutreffend für einen selbst ist oder welches andere Tier möglicherweise eher zur eigenen Person passt. Jeder kommt dran und muss sich in Bezug setzen zu Hund, Katze, Fisch, Pferd, Biene, Hahn, Vogel oder Schmetterling.

Aber nicht der Inhalt ist es, auf den es hier ankommt, sondern die Art und Weise, wie man kooperiert, mitspielt, sich beteiligt, Humor zeigt und natürlich in der Lage ist, sich sprachlich gewandt auszudrücken.

So einmal angewärmt geht's schnell über zur Gruppendiskussion, vielleicht mit dem Thema »Sinn des Lebens – keine Gestaltungsmöglichkeiten – Sinnsuche – Lebensangst« oder vielleicht »Herrschaft im Staat – Demokratie – Politik – Machtverhältnisse« oder: »Umweltschutz – wirklich das Wichtigste?«

AC-Teilnehmer, die auf die vom Personalchef locker gestellte Frage: »Wer weiß noch mehr Problemthemen?« zu viel Fantasie entwickeln, werden schnell als pessimistisch und negativ eingestellter Bewerber identifiziert.

Nachdem die angeblich zu pessimistisch eingestellten Bewerber enttarnt wurden, haben nun die Optimisten ihre Chance. Kann man auf die Aufforderung »Wer hat Ideen, was die Zukunft alles Positives bringen könnte?« genügend überzeugende Themen runterschnurren, lassen sich Pluspunkte sammeln. Bemerkungen wie »Es gibt nichts Neues«, »Alles ist schon mal da gewesen« und Ähnliches können bereits an dieser Stelle zu einer wesentlichen Verkürzung der Bewerbungsprozedur führen …

Wer auf dem Ankreuzbogen des Personalchefs Beurteilungen bekommt wie z.B.
- er/sie macht insgesamt beim Thema nicht richtig mit, scheint uninteressiert, unengagiert, schwunglos
- die Beiträge sind intellektuell zu wenig ansprechend, oberflächlich, klischeehaft
- er/sie zeigt in den inhaltlichen Beiträgen resignative Tendenzen oder neigt zu idealistischen (nicht praktikablen) Lösungen
- er/sie lässt Radikalität, Aggressivität, eine Wut gegen alles erkennen

hat bei dem Einstellungsverfahren null Chance.

Rote Karte, Todesstrafe und Schiffbruch

Eine andere AC-Variante läuft so ab: In einer Gruppe von Bewerbern werden jedem zwei rote Sympathiebekundungs-Karten gegeben. Der Personalchef erklärt, dass jeder Gruppenteilnehmer jedem in der Gruppe, den er sympathisch findet, eine Karte geben kann. Allerdings müssen keine Karten vergeben werden, wenn man für niemanden besondere Sympathien verspürt, und die Entscheidungen brauchen auch nicht begründet zu werden. Dennoch ist jeder herzlich dazu aufgefordert, seine Entscheidung zu erklären.

Nun wird natürlich sehr genau beobachtet, wer wie viele Karten von den Gruppenmitgliedern am Ende dieses Spiels auf sich vereinigen kann, wer spontan mit der Verteilung seiner Karten beginnt, wer sich zurückhält, keine Karten verteilt, abblockt, nicht mitspielen will, wer begründungsfreudig ist und wer nicht.

Und natürlich werden die Reaktionen der Teilnehmer beobachtet, die viele Sympathiekarten erhalten, um sie dann letztendlich zu fragen: »Haben Sie eigentlich damit gerechnet, dass Sie so viele Karten erhalten würden?« und »Wie fühlen Sie sich denn jetzt?«

Todesstrafe und weitere Beispiele

Eine Gruppe von sechs AC-Teilnehmern bei einer Bewerbung in der Versicherungsbranche bekam u.a. die Aufgabe, in 45 Minuten einen Stadtplan zu gestalten, bei dem wesentliche Elemente (Krankenhaus, Sportplatz u.a.) vorgegeben waren.

Bei der Bundeswehr (Köln) wurden Offiziersbewerber in einem Assessment-Center-Block zunächst mit der Aufgabe konfrontiert, zwei Aufsätze zu schreiben, für die jeweils 30 Minuten Zeit waren:

1. Ziel und Ende (Begriffe abgrenzen und Gemeinsamkeiten aufzeigen)
2. Sollte die Regierung in das freie Spiel der Wirtschaftskräfte eingreifen?

Danach wurde ein frei gehaltener Kurzvortrag verlangt: Das Verhältnis der Jugend zur Autorität.

Nun folgte eine Gruppendiskussion zum Thema »Todesstrafe – pro und kontra?«

Zu guter Letzt kam ein »Planspiel« mit der Aufgabe dran, ein Straßenfest mit Ausländern zu organisieren.

In einer weiteren Diskussionsrunde sollten sich die Teilnehmer in die Situation hineindenken, zu einer Firma zu gehören, die sich einen guten Ruf durch die Herstellung von Mittelklassefahrrädern erworben hat. Um den Fortbestand der Firma zu sichern, musste man sich entscheiden, entweder qualitativ wertvolle, aber teure Fahrräder zu produzieren oder auf eine Billig- und Massenproduktion umzustellen. Dazu gab es schriftliches Hintergrundinformationsmaterial, Marktforschungsanalysen etc. (vgl. Hinweise zu dieser Aufgabe im Lösungsteil).

Den Abschluss dieses ACs bildete ein Einzelbewerbergespräch, bei dem es unter anderem auch um die Einschätzung der eigenen Leistung bei der Bewältigung der vorherigen Aufgaben ging.

Gruppendiskussion

Dieser wahrscheinlich wichtigste Baustein eines jeden Assessment Centers lässt sich, wenn Sie ein paar Mitspieler mobilisieren können (mindestens drei, besser fünf oder sechs – dazu noch, wenn möglich, ein, zwei Beobachter), gut üben. Das Tonband (ggf. die Videokamera) leisten wieder objektive und wertvolle Hilfe, wenn es darum geht, später zu analysieren, wie das Gespräch unter den Mitspielern abgelaufen ist.

Denkbar sind eine Vielzahl von Themen, die teilweise aus dem aktuellen Tagesgeschehen entnommen werden oder dem Standardrepertoire für Gruppendiskussionen entstammen.

Viele Anregungen zu Themen, die sich für eine Gruppendiskussion anbieten, konnten Sie den Berichten entnehmen. Darüber hinaus bietet jede Zeitung interessantes Material.

Situationstest

Schauen Sie sich bitte die folgenden sieben Bilder an. Eine kleine Situation wird geschildert, ein Bild illustriert, worum es geht. Eine Person sagt etwas, und die andere antwortet darauf. Drei Antwortmöglichkeiten sind vorgegeben. Entscheiden Sie ganz spontan, welche Antwort die angesprochene Person gibt.

Assessment-Center-Übungsprogramm

1. Es ist drei Uhr nachts, und das Telefon hat Person B aus dem Schlaf geklingelt.

Was antwortet Person B? Bitte ankreuzen.
a) Das macht nichts. Ich habe noch nicht so fest geschlafen.
b) Es ist wirklich ärgerlich, auf diese Art und Weise geweckt zu werden, aber das kann schon mal passieren.
c) Sie sind ein Vollidiot!

2. Ein Mann hat einen Bekannten zum Flughafen gefahren. Dabei hat er sich verfahren, so dass die Person B ihr Flugzeug verpasst hat.

Was antwortet Person B?
a) Dass Sie sich verfahren, habe ich irgendwie vorher geahnt.
b) Das macht gar nichts. Der nächste Flieger geht ja in vier Stunden.
c) Einerseits Pech. Andererseits: wer weiß, wofür es gut ist.

3. Person A ist bei Person B zu Besuch und hat versehentlich eine gute Vase mit Blumen umgestoßen.

Was antwortet Person B?
a) Ich könnte in den Boden versinken. Kann ich das überhaupt jemals wiedergutmachen?
b) Scherben bringen Glück! Nur keine Aufregung!
c) Es tut mir wirklich leid. Es war nicht meine Absicht. Selbstverständlich komme ich für den Schaden auf.

4. Vor einer Autoreparaturwerkstatt:
   eine Reklamation.

Was antwortet Person B?
a) Ich höre kein Geräusch. Da können wir
   jetzt auch nichts mehr für Sie tun. Sie
   haben sich schließlich für dieses Modell
   entschieden.
b) Ich verstehe Sie gut, auch ich bin ge-
   räuschempfindlich. Soll ich mit dem Chef
   gleich mal über einen Preisnachlass
   sprechen?
c) Das ist bedauerlich, aber wir werden uns
   noch einmal darum kümmern.

5. Nach einer halben Stunde Anstehen vor
   der Kinokasse ist die Vorstellung aus-
   verkauft, als Person B dran ist.

Was antwortet Person B?
a) Pech, aber dann kaufe ich jetzt eben eine
   Karte für die nächste Vorstellung.
b) So eine Unverschämtheit, hätten Sie das
   nicht eher sagen können? Dann hätte ich
   mich ja nicht so lange anstellen müssen!
c) So was kann auch nur mir passieren.
   Wieder ein Abend im Eimer.

Assessment-Center-Übungsprogramm

6. Im Restaurant beklagt sich der Gast über das Essen.

Was antwortet der Ober?
a) Das kann nicht sein, über diese Suppe hat sich noch niemand beschwert, Sie sind der erste.
b) Tut mir leid, ich spreche sofort mit dem Koch, und Sie bekommen eine neue Suppe.
c) Ich bedauere, dass Ihnen unsere Suppe nicht schmeckt. Darf ich Ihnen etwas anderes anbieten?

7. In einem Radio-Fernseh-Fachgeschäft reklamiert ein Kunde seinen defekten Walkman.

Was antwortet der Verkäufer?
a) Das ist mir wirklich furchtbar unangenehm, jetzt bekommen Sie ein nagelneues Gerät.
b) Tut mir leid, wir versuchen noch einmal unser Bestes.
c) Das ist doch unmöglich. Den haben Sie bestimmt selbst kaputtgemacht.

Postkorb

Für diese Übung haben Sie 45 Minuten Zeit.

Heute ist Mittwoch, 29. Juni, 16.30 Uhr. Sie sind gerade von einer Klassenfahrt aus den USA nach Hause zurückgekehrt.

Ihr Name: Peter Bell. Sie leben in einer Wohngemeinschaft mit drei Freunden. Sie bereiten Ihr Abitur vor und suchen für die Zeit nach dem Schulabschluss einen Ausbildungsplatz.

Am Donnerstag, den 30. Juni beginnen die Schulferien, und Sie müssen um 8 Uhr eine Reise nach China antreten. Von dieser Reise kommen Sie erst am Montag, den 4. August um 19 Uhr wieder zurück nach Hause. In China kann man Sie weder erreichen, noch können Sie von dort aus telefonisch Kontakt mit

Ihrer Heimat aufnehmen. Deshalb müssen Sie alle Dinge, die jetzt erledigt werden sollten, vor Ihrer Abreise organisieren.

Heute früh ist Ihre Freundin wegen einer akuten Blinddarmentzündung in das Krankenhaus an Ihrem Wohnort eingeliefert und vor sieben Stunden operiert worden. Vor ihrer Krankenhauseinweisung hat sie Ihnen alle wichtigen Briefe und Notizen, die während Ihrer Klassenfahrt angefallen sind, in Ihren Postkorb getan.

Sie sind allein zu Hause und haben das Pech, dass Ihr Telefon kaputt ist. Ein Handy haben Sie nicht. Die Nachbarn sind leider nicht erreichbar. Sie können also wirklich nicht telefonieren. Bis auf 300 Euro und 500 Dollar in bar sowie einen Barscheck haben Sie keine weiteren Zahlungsmittel im Haus.

In der nun folgenden halben Stunde, der Zeit von 16.30 bis 17 Uhr, müssen Sie Ihren Postkorb bearbeitet haben. Danach, in der Zeit von 17 bis 19 Uhr, stehen dringende Besorgungen in der Stadt an – für Ihre geplante große Reise.

Im Postkorb finden Sie Notizen, Briefe, Vorlagen usw. Sehen Sie alle einzeln durch und schreiben Sie auf den Rand jeweils Ihre Entscheidung, oder formulieren Sie falls nötig einen Brief. Sie können auch aufschreiben, was Sie durch wen zu veranlassen wünschen. Sie können eine Antwortnotiz anfertigen, Termine vereinbaren, anstehende Aufgaben gleich oder später lösen bzw. sich dazu entschließen, nichts zu tun – Sie allein entscheiden über die Vorgehensweise.

Versetzen Sie sich noch einmal in die Rolle und Situation von Peter Bell – hier eine Zusammenfassung:

Mittwoch, 29. Juni, 16.30 Uhr. In einer halben Stunde sind die beigefügten Unterlagen zu bearbeiten. Sie sind allein zu Hause und keiner kann Ihnen helfen, nicht einmal das Telefon. Es ist nicht möglich, Unterlagen mit auf die Chinareise zu nehmen und Dinge von unterwegs zu erledigen. Schreiben Sie deshalb alle Ihre Anordnungen auf.

Pünktlich in einer halben Stunde müssen Sie damit fertig sein, denn zwischen 17 und 19 Uhr sind unaufschiebbare Besorgungen zu machen. Morgen um 8 Uhr treten Sie Ihre Reise nach China an und kommen erst am Montag, den 4. August um 19 Uhr wieder zurück.

Folgende Personen spielen bei dieser Aufgabe eine Rolle:

Assessment-Center-Übungsprogramm

Peter Bell	Sie selbst, Hauptmieter mit ordentlichem Mietvertrag in der WG
Ulrike Schmidt	Ihre Freundin, wohnt mit in der WG, ohne im Mietvertrag aufgeführt zu sein
Werner und Erika Bell	Ihre Eltern
Sabine Maria	Ihre jüngere Schwester, wohnt bei den Eltern
Ulli Meier	ordentlicher WG-Mitbewohner
Christian Müller	ein weiterer WG-Mitbewohner, jobbt regelmäßig im Museum

Postkorb-Dokument 1

Mittwoch, 29.6.
8 Uhr

Mein lieber Peter,

wegen einer akuten Blinddarmentzündung muss ich ins Krankenhaus und mich noch heute operieren lassen. Besuch mich doch
bitte am Abend.

Hoffentlich bin ich bis Montag aus dem Krankenhaus und
wieder auf den Beinen. Bis dahin musst Du Dich bitte um
alles selbst kümmern. Deine Eltern baten mich gestern,
Deine Schwester Sabine vom Kindergarten abzuholen.

Bis um 17 Uhr ist sie da gut aufgehoben, dann muss sie
aber spätestens abgeholt werden. Deine Eltern sind auf einer
Kurzreise, bitte kümmere Dich um Deine Schwester.

Für Sonntag, den 3. August habe ich Karten für das Rock-
konzert. Bitte halte Dir diesen Termin frei, es ist ja auch
unser Kennenlerntag, und wir haben etwas zu feiern.

Noch etwas: Ich habe Deinen neuen Freund Christian Müller
rausschmeißen müssen, nachdem er sich sehr schlecht benommen
hat und Geld verschwunden ist. Natürlich bestreitet er
alles. Trotzdem habe ich Anzeige erstattet, die Polizei
bittet Dich, auf dem Revier wegen einer Aussage vorbei-
zuschauen. Kannst Du das bitte machen?

Wichtige Unterlagen und Briefe findest Du in Deinem Postkorb.

Liebe Grüße

Deine Ulrike

Postkorb-Dokument 2

Terminkalender					
Datum Uhrzeit					
So 8		14	**Mi** 8		14
3.8. 9		15	**6.8.** 9		15
10		16	10		16
11		17	11		17
12		18	12		18
13		19	13		19
Mo 8 Miete einz.		14	**Do** 8		14 **Zahnarzt**
4.8. 9		15	**7.8.** 9		15
10		16	10		16
11		17	11		17
12		18	12		18
13		19	13		19
Di 8		14	**Fr** 8		14
5.8. 9		15	**8.8.** 9		15
10		16	10		16
11		17	11		17
12		18	12		18
13		19	13		19 **Geburtstag Papa**

Postkorb-Dokument 3

Erwin Bohr

Lieber Peter,

wie ich neulich mit Dir besprochen habe, ist es jetzt an der Zeit,
unsere Rechte im Kampf gegen die neue Umgehungsstraße wahrzunehmen.
Es kann doch wohl nicht angehen, dass ausgerechnet vor unserem Haus
die neue Umgehungsstraße verlaufen soll und wir die Lärmbelästigung
hinnehmen müssen.

Das Straßenbauamt hat mir auf telefonische Anfrage Montag, den 4.8.
um 10 Uhr als Termin benannt, um über die Lärmschutzmaßnahmen mit
dem Baustadtrat und anderen Politikern zu sprechen.

Ich bitte Dich, lieber Peter, diesen Termin unbedingt wahrzunehmen.

Mit freundlichen Grüßen,
ich rechne auf Dein Kommen

Erwin Bohr

Postkorb-Dokument 4

Landessparbank Entenhausen
Dienstag, 28. Juni

Sehr geehrter Herr Bell,

wie wir feststellen mussten, haben Sie wiederholt Ihr Konto überzogen.
Wir bitten dringend um Ausgleich und zukünftig um die Einhaltung des Limits.
Bitte melden Sie sich umgehend bei Ihrer Sachbearbeiterin, Frau Wichtig.
Bis Sie Ihr Konto ausgeglichen haben, können wir keine Schecks mehr einlösen.

Mit freundlichen Grüßen

B. Müller
Bankdirektor

H. Schulze, ppA.

Postkorb-Dokument 5

28.6.
Liebe Eltern,

am Mittwoch, den 29.6. in der Zeit von 18-19 Uhr
ist in der Kita Sprechtag. Unser Erzieherin möchte einige
heikle Vorfälle mit Ihnen besprechen. Ihr Erscheinen
ist unbedingt notwendig, es geht um die Zukunft
Ihrer Kinder.

Für die Kita

Uschi Lesch

Postkorb-Dokument 6

Gärtnermeister Grün

19.6.

Sehr geehrter Herr Bell,

am Dienstag, den 5.7. und Mittwoch, den 6.7. wollen wir wie jedes Jahr den Vorgarten bepflanzen. Über die Neugestaltung haben wir ja bereits mit der Mietergemeinschaft ausführlich gesprochen.

Bitte hinterlassen Sie beim Hausmeister eine erste Anzahlung in Höhe von wenigstens 50 Euro. Dies ist notwendig, um die hohen Auslagekosten, die uns entstehen, abzumindern.

Mit freundlichen Grüßen

Gärtnermeister

Assessment-Center-Übungsprogramm

Postkorb-Dokument 7

KREISGERICHT ENTENHAUSEN

27.6.

Herrn
Peter Bell
Mausstr. 1
33333 Entenhausen

Jugendschöffe am Kreisgericht

Sehr geehrter Herr Bell,

wir freuen uns, Ihnen mitteilen zu können, dass Sie als ehrenamtlicher Jugendschöffe ausgewählt wurden, und bitten Sie, sich am Montag, den 4. August
in der Zeit von 15-18 Uhr im großen Saal der Jugendstrafkammer einzufinden,
wo die Einweisung und Vereidigung stattfinden wird.

Nur in wirklich begründeten Ausnahmefällen können Sie sich der Tätigkeit als
Jugendschöffe entziehen.

Mit vorzüglicher Hochachtung

Richard Holzapfel

i.A.
Justizangestellter

Postkorb-Dokument 8

Lieber Peter,

eben ist Ulrike ins Krankenhaus gebracht worden. Hoffentlich geht alles gut!

Darf ich Dich bitten, mir für morgen den beigelegten Blankoscheck zu unterschreiben und mir etwa 100 Euro für dringend notwendige Essenseinkäufe in bar zu hinterlegen (Du bist jetzt mal dran). Ich weiß nicht, ob ich Dich morgen sehe, aber einige Sachen müssen dringend bezahlt werden.

Mit lieben Grüßen

Dein Freund

Ulli

Postkorb-Dokument 9

Grund- und Boden-GmbH · Postfach 007 · 33333 Entenhausen

Per Einschreiben / Rückschein   15.6.

Herrn
Peter Bell
Mausstr. 1
33333 Entenhausen

Sehr geehrter Herr Bell,

seit über drei Jahren leben Sie und Ihre Mitbewohner in dem von uns
betreuten Haus in der Mausstraße 1.

Unsere Mandantin hat sich jetzt entschlossen, die Miete zu erhöhen.
Wir weisen auf § 4, Abs. 2,1 des Mietvertrages hin und bitten Sie um
Verständnis, wenn wir die Kaltmiete den gestiegenen Kosten entsprechend
zum 1.9. um 20 % anheben.

Wir bitten Sie, uns bis zum 4.7. Ihre Zustimmung schriftlich abzugeben.
Andernfalls müssten wir Ihren Mietvertrag fristgemäß zum Quartalsende
kündigen.

Mit freundlichen Grüßen

Viktor Wucherer

Viktor Wucherer
Geschäftsführer

Postkorb-Dokument 10

28.6.

Mein Junge,

für Papas Geburtstag habe ich ein schönes Geschenk besorgt.
Die Rolex war ein Sonderangebot für 900 Euro, und er wollte
doch schon immer so eine Uhr. 300 Euro habe ich dazu
beigesteuert, den Rest sollte der Verkauf von Omas altem
Schmuck bringen. Ich schulde dem Verkäufer aber immer noch
600 Euro. Kannst Du mir die bitte kurzfristig vorstrecken?
Wenn Omas Schmuck verkauft ist, bekommst Du sie sofort
wieder.

Deine Mama

Postkorb-Dokument 11

Lieber Peter, lies doch mal diese Information,
das wird Dich sicherlich interessieren.

Viele Grüße

Deine Ulrike

Platow-Wirtschaftsbriefe Frankfurt a.M.   **Nr. 24 / 28.6.**

Informationen aus Wirtschaft und Politik

Mehrwertsteuer

Bonn. Die Bundesregierung, insbesondere ihr Finanzminister, denkt über eine
Erhöhung der Mehrwertsteuer nach. Verschiedene Modelle sind im Gespräch.
Denkbar wäre eine Anlehnung an das italienische Modell, das bestimmte Wirt-
schaftsgüter mit einem erhöhten Mehrwertsteuersatz belastet. Voraussichtlich
noch in diesem Herbst wird eine mindestens 3-prozentige Steigerung des jetzigen Steuersatzes im Kabinett diskutiert werden.

Zinspolitik

Frankfurt a.M. Trotz heftiger Bedenken des Bundeskanzlers sieht der Bundesbankpräsident keine Veranlassung, an den derzeitigen Leitzinsen etwas zu verändern. Der Euro muss stabil bleiben, die Krise sei nicht hausgemacht, so seine Argumente bei einem Besuch im Bundeskanzleramt.

Waggonbau

München. Die Pläne der großen westdeutschen Schienenfahrzeughersteller, die deutsche Waggonbau-AG (DWA) in den neuen Bundesländern zu übernehmen, sind geplatzt. Ursache ist der Einspruch des Bundeskartellamtes, das unzulässige Absprachen monierte. Nachdem auch der englisch-französische Konzern GEC Alsthom, Produzent des Hochgeschwindigkeitszuges TGV, wenig Interesse an der DWA zeigt, wird jetzt ein Angebot der Siemens-AG erwartet.

Dollarabwertung

Washington. Die Experten erwarten in den nächsten Tagen einen deutlichen Kursverlust des Dollars, ausgelöst durch das übergroße Handelsdefizit im letzten Quartal, die schlechten Börsenergebnisse und die immer weiter steigende Arbeitslosenquote. Eine Abwertung von 10 bis 20 % würde die Exporte ankurbeln. Die amerikanische Exportindustrie freut sich darauf, die deutschen Banker weniger. Für Touristen wird eine USA-Reise immer preisgünstiger.

Spekulation

Frankfurt a.M. Gut informierte Schweizer Börsenkreise spekulieren darüber, dass verschiedene deutsche Banken ihren Kunden nahelegen, sich von den Aktien der Winterfeld-AG zu trennen. Die tatsächlichen Schwierigkeiten der Winterfeld-AG (s. Bericht Nr. 21) seien weitestgehend behoben, so dass kein Insolvenzverfahren droht, der Kurs der Aktien aber würde ein Aufkaufen großer Stückzahlen lohnend erscheinen lassen.

Wirtschaftskriminalität

Zürich. Die Firma Rolex warnt in ihrem neuesten Pressedienst vor Fälschungen im Bereich ihrer hochwertigen Herren-Markenuhren. Es seien über den ehemaligen Ostblock große Stückzahlen gefälschter Uhren aufgetaucht, die für Experten lediglich an einem grob-knisternden Ticken zu erkennen seien.

Postkorb-Dokument 12

Mein lieber Sohn,

Du bist zwar jetzt auf Klassenfahrt, aber diesen Brief schrieb mir Dein Schulleiter. Bitte nimm umgehend dazu Stellung, ich sehe Dein Abi in Gefahr!!! So kann das nicht weitergehen. *Dein Papa*

Postkorb-Dokument 13

Schwan-Gymasium Entenhausen
Der Schulleiter

28.5.

Sehr geehrter Herr Bell,

leider muss ich Ihnen mitteilen, dass Ihr Sohn Peter gestern zum fünften Mal in diesem Monat unentschuldigt vom Unterricht ferngeblieben ist. Bereits vor zwei Wochen, als Ihr Sohn das dritte Mal unentschuldigt fehlte, schrieb ich Ihnen und bat um Ihre Stellungnahme.

Das mir vorgelegte Entschuldigungsschreiben mit Ihrer Unterschrift hat mein Misstrauen erweckt, und ich möchte Sie bitten, mich aufzusuchen, um diese Angelegenheit zu klären.

Sollte ich nichts von Ihnen hören, muss ich erwägen, Ihren Sohn aus disziplinarischen Gründen von der Schule zu verweisen. Dass er noch mit auf die Klassenfahrt fahren durfte, war reines Wohlwollen. Bitte melden Sie sich noch vor Ferienbeginn.

Hochachtungsvoll

Dr. Bellerman

Dr. Bellermann
Schulleiter

Terminplanung

Wie Sie wissen, ist heute Mittwoch, der 29.6., kurz vor 17 Uhr. Um 19 Uhr schließen alle Geschäfte und Büros. Und auch Sie müssen wieder zu Hause sein. In den Ihnen verbleibenden zwei Stunden wollen Sie so viel wie möglich persönlich erledigen.

Leider ist Ihr Fahrrad kaputt, und andere Transportmittel stehen nicht zur Verfügung. Selbst das Telefon fällt aus. Harte Bedingungen, aber so ist es nun einmal.

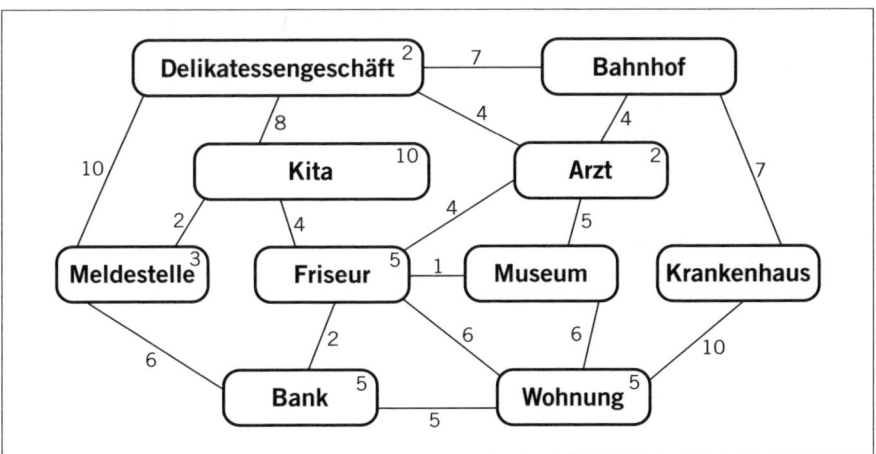

Der Lageplan zeigt die verschiedenen Anlaufstellen und die möglichen Wege. Die Zahlen auf den gestrichelten Linien bedeuten die Zeit, die Sie jeweils zu Fuß benötigen, um Ihr Ziel zu erreichen. Die Zahl in dem Kästchen beziffert die notwendige Aufenthaltsdauer (alles in Minuten).

Um vom Friseur zum Bahnhof zu gehen, brauchen Sie 8 Minuten (zweimal 4). Dieser Weg führt Sie über den Arzt, Sie müssen aber nicht zum Arzt hineingehen.

Beim Arzt ist Ihr Impfzeugnis abzuholen, das Sie für Ihre Chinareise unbedingt benötigen. Die Bank wird um 19 Uhr geschlossen, Sie müssen aber um 18.30 Uhr zu Hause sein, um Ihren Mitbewohner, der keinen Schlüssel hat, hineinzulassen. Dafür sind 5 Minuten Aufenthalt zu kalkulieren (s. Plan). Ein Besuch beim Friseur (5 Minuten) ist notwendig, da Ihr Rasierapparat kaputt ist und Sie doch einen gepflegten Eindruck für die Einreise nach China machen wollen, auch gegenüber Ihren Eltern, die noch am Bahnhof zu begrüßen sind.

Das Delikatessengeschäft sollten Sie aufsuchen, um einige Lebensmittel im Haus zu haben. Ihre Freundin kann ab 17 Uhr im Krankenhaus besucht werden. Bei der Meldestelle müssen Sie bis 17.30 Uhr Ihr Visum für China unbedingt abgeholt haben. In der Zeit von 17 bis 19 Uhr arbeitet Ihr WG-Freund Christian Müller, den Ihre Freundin verdächtigt, etwas gestohlen zu haben, im Museum. Hoffentlich ist alles ein Missverständnis, das aber unbedingt noch vor Ihrer Abreise ausgeräumt werden muss. Ihre Eltern kommen von der Reise zurück und erwarten Sie als guten Sohn am Bahnhof. Der Zug kommt um 17.57 Uhr an, und auch hier müssen Sie unbedingt pünktlich sein, da Ihre Eltern sonst verärgert sind und sich obendrein einen Gepäckträger nehmen müssen. Vergessen Sie aber auch nicht, Ihre kleine Schwester in der Kita abzuholen.

Versuchen Sie, alle Anlaufstellen zu erreichen. Für jede Minute, die Sie im Krankenhaus verbringen, bekommen Sie zusätzlich drei Extrapunkte, für jede Minute im Museum zwei.

Für Ihre Zeitplanung

Bitte tragen Sie Ihren optimalen Weg in der Skizze ein, hier Ihre Verweilzeiten:

Start: **Haus**

Wegezeit: von Haus nach _____ _____ Minuten

Am/im _____ von _____ bis _____ = _____ Minuten

Wegezeit: von _____ nach _____ _____ Minuten

Am/im _____ von _____ bis _____ = _____ Minuten

Wegezeit: von _____ nach _____ _____ Minuten

Am/im _____ von _____ bis _____ = _____ Minuten

Wegezeit: von _____ nach _____ _____ Minuten

Am/im _____ von _____ bis _____ = _____ Minuten

Wegezeit: von _____ nach _____ _____ Minuten

Am/im _____ von _____ bis _____ = _____ Minuten

Wegezeit: von _____ nach _____ _____ Minuten

Am/im _____ von _____ bis _____ = _____ Minuten

Wegezeit: von _____ nach _____ _____ Minuten

Am/im _____ von _____ bis _____ = _____ Minuten

Wegezeit: von _____ nach _____ _____ Minuten

Am/im _____ von _____ bis _____ = _____ Minuten

Wegezeit: von _____ nach _____ _____ Minuten

Am/im _____ von _____ bis _____ = _____ Minuten

Wegezeit: von _____ nach _____ _____ Minuten

Am/im _____ von _____ bis _____ = _____ Minuten

Wegezeit: von _____ nach _____ _____ Minuten

Gesamtzeit _____ Minuten

Alle Anlaufstellen erreicht? ja ☐ nein ☐

Ein Arbeitsblatt nach folgendem Muster hilft Ihnen, Entscheidungen und deren Begründungen festzuhalten und später mit den Lösungsvorschlägen zu vergleichen.

Dok.	Entscheidung	Begründung
1		
2		
3		
4		
usw.		

Lösungen

Astronautentest (S. 112)

Hier die nach Expertenmeinung richtige Reihenfolge:

1 mehrere Sauerstofftanks
   (zum Überleben unbedingt notwendig)
2 zwei Tanks mit Trinkwasser
   (Durst ist schlimmer als Heimweh)
3 astronomische Karte
   (wichtiges Hilfsmittel für die Navigation)
4 mehrere Tuben Astronautennahrung
   (Hunger kommt auch noch vor Heimweh)
5 solarbetriebenes Radio
   (wichtig als Kommunikationsmittel)
6 20 Meter Seil
   (für viele Dinge nützlich)
7 Erste-Hilfe-Koffer
   (für den Fall der Fälle)
8 50 Quadratmeter Fallschirmseide
   (guter Schutz vor Sonneneinstrahlung –
   Sie befinden sich ja auf der Sonnenseite des Mondes)
9 automatisch aufblasbares Rettungsboot
   (nützlich wegen der Kohlendioxid-Flasche für Rückstoßantrieb)
10 zwei Signalflaggen
   (nützlich, falls das Mutterschiff in Sicht kommt)
11 Pistole
   (ebenfalls für Rückstoßantrieb nützlich)
12 ein Paket Milchpulver
   (Ergänzung der Nahrung, aber nicht mehr so wichtig)
13 solarzellenbetriebener Kocher
   (unnötig, macht keinen Sinn)
14 magnetischer Kompass
   (auf dem Mond wertlos, nicht polarisiertes Magnetfeld)
15 Feuerzeug
   (wertlos, weil kein Sauerstoff auf dem Mond ist)

Situationstest (S. 118)

Auswertung, Aufbau, Interpretation

Bitte addieren Sie zunächst Ihre Punktzahlen. Bei Aufgabe 1 bekommen Sie für die Ankreuzung a 0 Punkte, für b 2 Punkte und für c 4 Punkte. Dazu die folgende Tabelle:

	Antwort		
Aufg.	a	b	c
1	0	②	4
2	4	0	②
3	0	4	②
4	4	0	②
5	②	4	0
6	4	⓪	2
7	0	②	4　⑫

Maximal können Sie 28 Punkte erreicht haben, minimal 0. Ihr Ergebnis muss in jedem Fall eine gerade Zahl sein, ansonsten haben Sie einen Additions- bzw. Übertragungsfehler gemacht (und sind durch den Rechentest gefallen ...).

Bitte tragen Sie Ihren Punktwert auf der folgenden Skala ein:

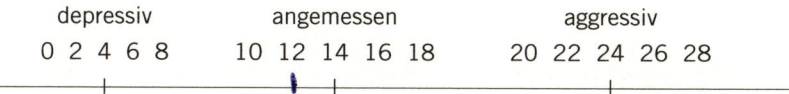

Was sagt Ihnen und uns der erreichte Punktwert? Zunächst einmal: Hier waren sieben Situationen skizziert, die durch Enttäuschungen, Ärger, Schwierigkeiten, Probleme und Unannehmlichkeiten gekennzeichnet waren. Das sind Situationen und Erlebnisse, die wir alle in unserem Alltag zur Genüge kennen. Interessant ist, wie wir damit umgehen: Der eine macht seinem Ärger deutlich Luft und schimpft, der andere schluckt seinen Ärger hinunter und schweigt. Der eine brüllt, der andere weint. Der eine glaubt, sich dafür entschuldigen zu müssen, dass er geboren wurde, der andere verlangt wutschnaubend nach seinem Recht. Zwischen diesen beiden extremen Verhaltensweisen gibt es auch den goldenen Mittelweg.

Was, glauben Sie, trifft auf Sie zu? Eine Extremposition – etwa so: Mit der Faust auf den Tisch oder mit dem Ärger im Magen? Zu welchem Charaktertyp gehören Sie – neigen Sie eher zu extremen Verhaltensweisen oder reagieren Sie eher angemessen?

So war der Test aufgebaut:

Bei jeder Situation ging es nicht um Person B (egal ob Kellner, im Schlaf Gestörter, Monteur etc.), sondern eigentlich um Sie. In einer durch Schwierigkeiten, Unannehmlichkeiten und Frustrationen gekennzeichneten Situation mussten Sie sich zwischen drei Antwortmöglichkeiten und damit Reaktionsweisen entscheiden.

1. Da gab es jeweils die Möglichkeit, seinem Ärger Luft zu machen und zu schimpfen (z.B. den nächtlichen Anrufer einen Vollidiot nennen: 1c; so auch bei 2a, 3b, 4a, 5b, 6a, 7c; diese Ankreuzungen bekamen jeweils 4 Punkte).
2. Alternativ – oder besser als anderes Extrem – wurde die Möglichkeit angeboten, den Ärger runterzuschlucken und in sich reinzufressen, z.T. auch überhaupt das Vorhandensein von Ärger, Wut und Enttäuschung zu leugnen (dem nächtlichen Anrufer zu erklä-

ren, man habe noch nicht so fest geschlafen: 1a; so auch bei 2b, 3a, 4b, 5c, 6b, 7a – jeweils mit 0 Punkten bewertet).

So ergeben sich die Eckpfeiler, die die extremen Positionen kennzeichnen, wenn es um frustrierende Situationen geht: wütende (aggressive) Reaktion auf der einen Seite und wutunterdrückte (depressive) Reaktion auf der anderen.

3. Der Mittelweg wurde ebenfalls angeboten (dem nächtlichen Anrufer wird gesagt, dass es sich um eine ärgerliche Störung handelt, die aber schon mal passieren kann: 1b; so auch 2c, 3c, 4c, 5a, 6c, 7b).

Hier wurde versucht, eine halbwegs angemessene, weder zu aggressive noch zu sehr den Ärger verdrängende Antwort auf die Frustration zu finden. Deutlich wurde der Versuch unternommen, konstruktiv mit der schwierigen Situation klarzukommen, ohne die Enttäuschung und die entstandenen Schwierigkeiten verleugnend zu beschönigen.

Nun zur Interpretation Ihres Punktwertes
0–8 Punkte
Sie neigen in ausgeprägter Weise dazu, Ihren Ärger herunterzuschlucken – bzw. ihn nicht wahrhaben zu wollen. Kennen Sie das: Magen- oder Kopfschmerzen, das ohnmächtige Gefühl, mit tränenerstickter Stimme kein Wort rauszukriegen? Das ist alles furchtbar ungesund. Bei 6 Punkten deutet sich eine Tendenz zur Hoffnung an, sich bald angemessener mit ärgerlichen Situationen auseinanderzusetzen. Weiter in dieser Richtung!

10–18 Punkte
Hier liegen Sie im goldenen Mittelbereich. Sie scheinen in der Lage zu sein, angemessen auf Frustrationen im Leben zu reagieren. Ganz besonders gilt das für die Punktwerte 12, 14 und 16. Beim Punktwert 10 laufen Sie möglicherweise Gefahr, eine depressive Reaktion zu zeigen. Für den Punktwert 18 gilt Ähnliches mit umgekehrtem Vorzeichen: Achten Sie darauf, dass Sie Ihr Temperament nicht mit Ihnen durchgehen lassen. Ansonsten sind 14 und 16 die Positionen, mit denen man im Leben wahrscheinlich am besten fährt.

20–28 Punkte
Sie scheinen das Motto »Wer sich nicht wehrt, lebt verkehrt« zu Ihrer generellen Richtschnur gemacht zu haben. Vorsicht. Sie laufen Gefahr, zu grob und ungerecht mit Ihrer Umwelt umzugehen. Vielleicht bekommen Sie später einmal Bluthochdruck …

Postkorb (S. 121)

Auch wenn es keine Patentlösung gibt, sind doch einige Vorschläge mehr oder weniger sinnvoll. Vergleichen Sie unsere Ideen mit Ihren Entscheidungen. Wichtig: Maximal 30 Minuten haben Sie für zwölf Probleme, die es zu entscheiden gilt. Einige davon kann man sicherlich in einer Minute lösen, andere werden deutlich mehr Zeit brauchen.

Assessment-Center-Übungsprogramm

1 Notiz von Freundin Ulrike

Die fristlose Kündigung des WG-Freundes Christian Müller ist unzulässig. Die Situation muss schnellstens geklärt und ein persönliches Gespräch mit ihm vereinbart werden. Termin vorschlagen und im Kalender eintragen.

2 Kalender

Alle Termine sollten im Rahmen Ihrer Planung in den Kalender eingetragen werden, z.B. Gespräch mit dem Schulleiter, Straßenbauamt, Nachfragen beim Gericht und bei der Hausverwaltung.

3 Dr. Bohr

Auch wenn man offensichtlich nur Mieter ist, beim Straßenbauamt gilt es, den Termin wahrzunehmen oder zu delegieren.

4 Landessparbank

Von wichtiger Bedeutung, erfordert Bankbesuch und Klärung.

5 Jüngere Schwester / Kita-Sprechtag

Termin in Kalender eintragen und trotzdem delegieren. Den Eltern eine Nachricht zukommen lassen.

6 Gärtnerei

Unwichtig, zu vernachlässigen, nichts tun bzw. den WG-Mitbewohnern überlassen.

7 Kreisgericht

Relativ unwichtig. Sie sind erst am 5.8. da. Terminsetzung zu kurzfristig, ggf. kurzer Brief an das Kreisgericht.

8 Ulli/Blankoscheck und Geld

Zu beachten: kein Blankoscheck, nachdem es in der WG Ungereimtheiten gegeben hat. Klärung erst nach der Reise. Für das Essensgeld sind Sie jetzt nicht zuständig.

9 Grund- u. Boden/Mieterhöhung

Wichtig, obwohl juristisch auf schwachen Füßen. Brief mit Gesprächs- und Verhandlungsangebot veranlassen, Einspruch einlegen gegen Kündigungsdrohung. Nicht zu sehr verunsichern lassen.

10 Wirtschaftsbrief

Wichtig ist lediglich der Absatz »Dollarabwertung« und evtl. »Wirtschaftskriminalität«. Zeigen Sie, dass Sie das Geld in der Bank umtauschen, und thematisieren Sie den problematischen Uhrenkauf Ihrer Mutter (Bahnhofsgespräch oder Notiz an die Mutter).

12 Schulleiter

Kurze Beschwichtigungsnotiz an den Vater, Termin mit dem Schuldirektor nach Reiserückkehr eintragen. Vor Ferienbeginn ist Ihrerseits nichts mehr möglich. Evtl. Stichwort zum Vater beim Abholen am Bahnhof.

13 Terminplan

Kita, Meldestelle, Arzt, Wohnung, Bahnhof mit vorherigem Besuch des Delikatessengeschäfts sind unbedingte Muss-Anlaufstellen und werden mit jeweils 20 Punkten honoriert (sagt die Auswertungsempfehlung für die AC-Beobachter). Krankenhaus und Museumszeiten werden zwar mit Zusatzpunkten belohnt, aber hier wie auf der Bank und beim Friseur gibt es nur 10 Punkte. Alle Anlaufstellen ergeben maximal 150 Punkte, insgesamt sind angeblich 206 Punkte erreichbar, wenn man lediglich von 17.59 Uhr bis 18.03 Uhr am Bahnhof ist.

Die optimale Lösung sieht einen Weg über Friseur, Bank, Meldestelle, Kita (Schwester einfach mitnehmen, oder haben Sie das delegiert?), Delikatessengeschäft, Arzt und Bahnhof vor. Hier trifft man um 17.59 Uhr ohne Arzt 3 Minuten früher, also noch rechtzeitig ein. Nach nur zwei Minuten Begrüßung der Eltern am Bahnhof kann man sogar noch seinen Freund im Museum sprechen (1 Minute) bzw. nachfragen, ob er heute dort arbeitet.

Der optimale Weg führt vom Bahnhof weiter über das Krankenhaus zur Freundin (hier sind 10 Minuten Aufenthalt ausreichend), zur eigenen Wohnung, um den Mitbewohner hereinzulassen, ggf. diesen motivieren, die kleine Schwester abzuholen oder auf sie aufzupassen, und zum zweiten Mal zum Museum, um hier dem problematischen WG-Mitbewohner und dem mysteriösen Problem 13 Minuten zu widmen.

Zur Auswertung

Die vorgegebene Bearbeitungszeit von einer halben Stunde ist sehr knapp. Wer den Terminplan zwischendurch anfängt, wird in Zeitnot kommen.

Die AC-Beobachter legen gesteigerten Wert auf ein gutes Postkorb-Interview. Hier müssen die AC-Teilnehmer ihr Vorgehen detailliert erklären (zunächst alles durchlesen, Wichtiges von Unwichtigem unterscheiden, eine bestimmte Strategie wählen, Prioritäten setzen, geschäftlichen oder finanziellen Interessen oder der Sorge um die Freundin Vorrang geben). Dabei verspricht man sich viel Hintergrundinformationen für jede einzelne Entscheidung und erkennt, ob der AC-Teilnehmer die Konsequenzen seiner Entscheidung planvoll mit einbezogen hat.

Empfehlung: Überlegen Sie sich, was Sie – im anschließenden Postkorb-Interview entsprechend befragt – für Erläuterungen und Begründungen angeben. Entwickeln Sie nach einem ersten Durchlesen eine Strategie (Plan), mit der Sie verdeutlichen, dass Sie in den Bereichen systematisches Denken und Handeln befähigt sind.

Assessment-Center-Übungsprogramm

Was Sie noch wissen sollten ...

In diesem Buch lasen Sie gelegentlich Hinweise auf weiterführende und vertiefende Titel aus der Reihe der Ratgeber zum Themenkomplex Einstellungstests und Bewerbung.

Das Autorenteam Hesse/Schrader veröffentlicht seit über 20 Jahren Testknacker und Bewerbungsratgeber sowie Bücher zu weiteren Themen aus der Arbeitswelt. Am Anfang stand die erstmalige Veröffentlichung aller gängigen Intelligenztests und deren kritische Reflexion in dem Buch *Testtraining für Ausbildungsplatzsucher* (1985) – allein dies inzwischen mit einer Gesamtauflage von knapp einer Million Exemplare.

Für die Vorbereitung auf Einstellungstests und Assessment Center sowie die Bewerbung um einen Ausbildungsplatz sind folgende Bücher interessant:

Praxismappe Berufsfindung
Die 100 wichtigsten Tipps für Ausbildungsplatzsuchende
Testtraining 2000plus
Testtraining plus (CD-ROM)
Der Testknacker
Testtraining Polizei und Feuerwehr
Testtraining Banken und Versicherungen

Bei all dem Bewerbungsstress und Test-Terror, der noch vor Ihnen liegt – vergessen Sie nie:

Wir sind nicht auf der Welt, um so zu sein, wie andere uns haben wollen.